新型工业化教育
New Industrialization
新型工业化·新制造·机器人技术与应用系列

ROS机器人编程与开发

陈果　张宏立/主编
曾一夫　葛先雷　彭梁栋　徐卉/副主编

ROBOT
Technology and Application

電子工業出版社
Publishing House of Electronics Industry
北京·BEIJING

内 容 简 介

随着智能技术的快速发展，机器人技术已成为推动社会进步的重要力量。在工业自动化、物流配送、医疗服务、教育辅助等领域，机器人应用日益广泛。ROS（Robot Operating System）作为机器人开发的标准化框架，为机器人从感知到决策、执行提供了强大的工具。ROS2 作为 ROS 的新一代版本，不仅延续了传统的功能，还引入了更高效的架构，支持多种开发语言和操作系统。

本书以 ROS2 为核心工具，结合机器人开发的实践性和前沿技术，为学生提供一套完整的学习路径。通过理论与实践相结合的教学方式，帮助学生掌握机器人编程与开发的关键技能。本书分为 7 章，主要介绍 ROS2 基本情况及使用、ROS2 程序编写、ROS2 机器人基本控制、ROS2 机器人视觉、ROS2 机器人激光雷达地图构建、ROS2 多关节机器人运动控制及规划、ROS2 多关节机器人系统搭建。

本书理论与实践相结合，采用模块化设计，内容以项目为导向，配套实验与案例分析，同时注重项目化学习。本书配有 PPT、源代码、习题解答等资源，读者可登录华信教育资源网免费下载。

本书适合人工智能、计算机科学与技术、机器人工程、电子信息工程等专业教学使用，也可供 ROS 技术爱好者使用。

图书在版编目（CIP）数据

ROS 机器人编程与开发 / 陈果，张宏立主编.
北京：电子工业出版社，2025. 7. -- ISBN 978-7-121
-50712-0

Ⅰ. TP242

中国国家版本馆 CIP 数据核字第 2025V3E379 号

责任编辑：刘　瑀
印　　刷：北京雁林吉兆印刷有限公司
装　　订：北京雁林吉兆印刷有限公司
出版发行：电子工业出版社
　　　　　北京市海淀区万寿路 173 信箱　邮编：100036
开　　本：787×1092　1/16　印张：9.5　字数：243.2 千字
版　　次：2025 年 7 月第 1 版
印　　次：2025 年 7 月第 1 次印刷
定　　价：49.00 元

凡所购买电子工业出版社图书有缺损问题，请向购买书店调换。若书店售缺，请与本社发行部联系，联系及邮购电话：（010）88254888，88258888。

质量投诉请发邮件至 zlts@phei.com.cn，盗版侵权举报请发邮件至 dbqq@phei.com.cn。

本书咨询联系方式：（010）88254115，liuy01@phei.com.cn。

前　言

作为人工智能的重要部分，机器人技术已成为智能化发展的重要支柱，涵盖工业自动化、物流配送、医疗服务、教育辅助等多个领域。随着机器人技术的不断进步，其在社会中的应用场景越来越丰富，对相关专业人才的需求也日益增加。

ROS 作为一种开源的机器人操作系统，已成为机器人开发领域的标准工具。ROS 具有灵活性、可扩展性和广泛的应用支持，因此掌握 ROS 技术成为当前机器人专业人才的必备技能。

ROS2 作为 ROS 的新一代版本，引入了更高效的架构、支持多语言编程（如 Python、C++、JavaScript），以及增强的实时性和可靠性。随着工业和学术领域对机器人系统的要求日益提高，尤其是复杂场景下的感知与决策能力需求，ROS2 技术的学习和应用变得更加重要。

高校在课程设置中，通常会选择一两门具有代表性的核心课程来培养学生的专业技能。“ROS 机器人编程与开发”作为一门紧密结合实际技术的课程，可以作为高校必修或选修课程之一，以满足学生对实践性、应用性课程的需求。

本书共分 7 章，第 1 章为 ROS2 基本情况及使用，包括 ROS2 简介与开发环境搭建、ROS2 体系架构及简单使用、ROS2 计算图介绍、ROS2 基本工具与使用等内容；第 2 章为 ROS2 程序编写，包括创建 ROS2 工作区、创建 ROS2 功能包、编写一个简单的发布服务器和订阅服务器（C++）、编写一个简单的发布者和订阅者（Python）、编写简单的服务端和客户端（C++/Python）、创建自定义消息等；第 3 章为 ROS2 机器人基本控制，包括 ROS2 机器人移动控制、IMU 自动校正、角速度及线速度校正、PID 动态调试等；第 4 章为 ROS2 机器人视觉，包括 ROS2 机器人 opencv_apps 图形处理、视觉颜色及形状识别、视觉条形码及二维码识别、视觉文本及数字识别、视觉巡线等；第 5 章为 ROS2 机器人激光雷达地图构建，包括 ROS2 机器人激光雷达 SLAM 建图与导航、雷达跟随、SLAM 激光导航、多点导航等；第 6 章为 ROS2 多关节机器人运动控制及规划，包括 ROS2 多关节机器人运动控制概述、ROS2 机器人 MoveIt2 包介绍、ROS2 机器人运动规划库等；第 7 章为 ROS2 多关节机器人系统搭建，包括 ROS2 实时化、遗产代码的 ROS2 集成、ROS2-Industial 系统等。

本书理论与实践相结合，内容紧密结合 ROS2 的实际应用，通过具体案例和项目帮助学生理解机器人编程与开发的核心逻辑。采用模块化设计，内容按照机器人系统的功能模块进行划分，便于教与学，学生可以根据自身兴趣或进度选择性地深入学习特定内容。本书配套实验与案例分析，提供了丰富的学习资料和代码示例，帮助学生在实际操作中掌握机器人开发技能。通过实验项目（如小型机器人导航、视觉识别等），学生可以将理论知识转化为实践能力。多平台支持，ROS2 支持跨平台开发，本书重点介绍 Python 和 C++编程方法，同时涵盖 ROS2 的官方工具和框架，确保学生能够快速上手并进行实际开发。注重项目化学习，本书内容以项目为导向，帮助学生从简单的机器人控制学起，最后掌握复杂的多关节机器人系统开发，培养学生的团队协作能力和解决实际问题的能力。

本书作为教材使用时，建议按照 48 学时的教学课时分配，其中第 1 章 6 学时，第 2 章 8 学时，第 3 章 4 学时，第 4 章 12 学时，第 5 章 8 学时，第 6 章 6 学时，第 7 章 4 学时。本书配有 PPT、源代码、习题解答等资源，读者可登录华信教育资源网免费下载。

本书的编写团队由高校教师、资深专家和企业人员组成。本书的出版要感谢国家自然科学基金的资助与支持，感谢湖南科瑞特科技有限公司提供技术与项目案例支持。由于时间有限，本书难免存在不足之处，敬请广大读者批评指正。

编　者

目　　录

第 1 章　ROS2 基本情况及使用

学习目标

1. 了解 ROS2 的概念及原理。
2. 掌握 ROS2 的环境配置方法。
3. 理解 ROS2 体系架构。
4. 学会 ROS2 机器人的基本操作。

1.1　ROS2 简介与开发环境搭建

1.1.1　ROS2 简介

智能机器人系统变得越来越复杂，已经不是一个人或者一个团队可以独立开发的，如何高效地开发机器人，是技术层面上非常重要的一个问题。针对这个问题，斯坦福大学的研究人员尝试给出一个答案，那就是机器人操作系统。2007 年，他们产生了这样一个想法：有没有可能做一款个人服务机器人，帮助我们完成洗衣、做饭、收拾家等家庭事务，甚至还可以在我们无聊的时候，陪我们聊天，最后他们真的做了出来。如果设计一套标准的机器人平台和其中的软件，大家就可以在这个平台上做应用开发，既然应用软件都基于同一平台，应用的分享也很容易实现，这就类似手机应用，只要你有手机，就可以使用应用。

初期的机器人原型是由木头和一些零部件组成的，后期有了充足的资金，才得以实现如图 1-1 所示外观精致、性能强悍的机器人——PR2（Personal Robot 2 代）。

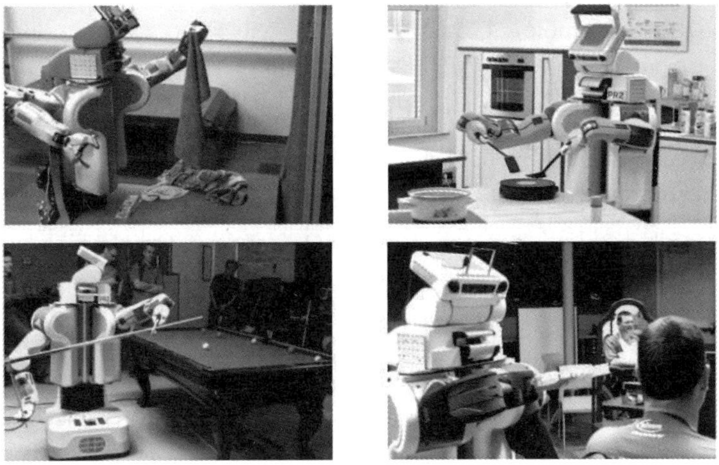

图 1-1　PR2 应用示例

在图 1-1 中可以看到，PR2 可以完成叠毛巾、熨烫衣服、做饭、打台球、剪头发等一系列复杂的应用功能。以叠毛巾为例，这在当时是轰动机器人圈的重要研究，因为第一次有机器人可以完成对柔性物体的处理，虽然效率很低，在 100 分钟之内只完成了 5 条毛巾的整理，但是在学术层面却推动机器人向前走了一大步。这款机器人中的软件框架就是 ROS 的原型，ROS 因这款个人服务机器人而生，很快也从中独立出来，成为一款用于更多机器人的软件系统。ROS 于 2007 年在斯坦福大学诞生，这是早期 PR2 的原型。2008 年，这个项目很快被一家商业公司 Willow Garage 看中，由此 PR2 成功问世。

ROS 的发展历程如图 1-2 所示。2010 年，随着 PR2 的发布，其软件正式命名为机器人操作系统（Robot Operating System，ROS）。同年，ROS 肩负着让更多人使用的使命，正式开源。PR2 虽好，但是成本居高不下，几百万的价格让绝大部分开发者望而却步，官方也注意到了这个问题，所以在 2011 年发布了一款后期成为 ROS 圈爆款的机器人——TurtleBot。这款机器人采用了扫地机器人的底盘，并集成了 Xbox 游戏机中的体感传感器 Kinect，使用户可以直接使用笔记本电脑进行控制。它不仅支持 ROS 的所有开源功能，而且价格亲民，极大地推动了 ROS 的广泛应用。通过这样的设计，这款机器人降低了进入机器人开发领域的门槛，使更多的开发者和爱好者能够参与 ROS 生态的建设。它的普及，不仅促进了 ROS 技术的传播，也为机器人技术的创新和发展提供了更多的可能性。2012 年以后，使用 ROS 的人越来越多，开源机器人基金会开始每年举办一届 ROS 开发者大会（ROS Conference，ROSCon），来自全球的开发者齐聚一堂，分享自己使用 ROS 开发的机器人应用，其中不乏亚马逊、英特尔、微软等大公司，从 2021 年开始会议名称也变为了 ROS World。经历前几年野蛮而快速的发展，ROS 逐渐迭代稳定，自 2014 年起，ROS 遵循 Ubuntu 操作系统的发布周期，每两年推出一个长期支持版（Long Time Support，LTS），每个版本提供五年的支持周期。这一策略不仅标志着 ROS 的成熟，也显著加快了 ROS 在全球范围内的普及。回到时间轴的起点，ROS 的创始团队原本只想做一款个人服务机器人，万万没想到，ROS 被越来越多机器人使用，受限于当初设计的局限性，ROS 的问题也逐渐暴露。为了能够设计一款适用于所有机器人的操作系统，ROS2 在 2017 年年底正式发布，历经多年迭代，终于在 2022 年 5 月底，ROS2 迎来了其首个长期支持版——ROS2 Humble，这标志着 ROS2 技术体系已趋成熟，同时宣告了 ROS2 时代的开启。从 ROS 发展的时间轴中，我们不仅可以了解到 ROS 的发展过程，更重要的是熟悉了 ROS 和 ROS2 诞生的原因。

ROS2 的发展历程如图 1-3 所示，基于 ROS 在各种各样机器人中应用的问题，ROS2 在 2014 年提出，2015 年开始迭代，2017 年推出第一个正式版，此后快速迭代，直到 2022 年推出了第一个长期支持版。2024 年 5 月，ROS2 的第二个长期支持版本 ROS2 Jazzy Jalisco 发布，这使得 ROS2 更加稳定、丰满。

ROS 以其“提升机器人软件复用性”的愿景，促进了社区的快速成长与繁荣。如今，ROS 已被广泛应用于各类机器人的开发中，无论是机械臂、移动机器人、水下机器人，还是人形机器人、复合机器人，都能见到 ROS 的应用，使其成为机器人领域的一个普遍标准。

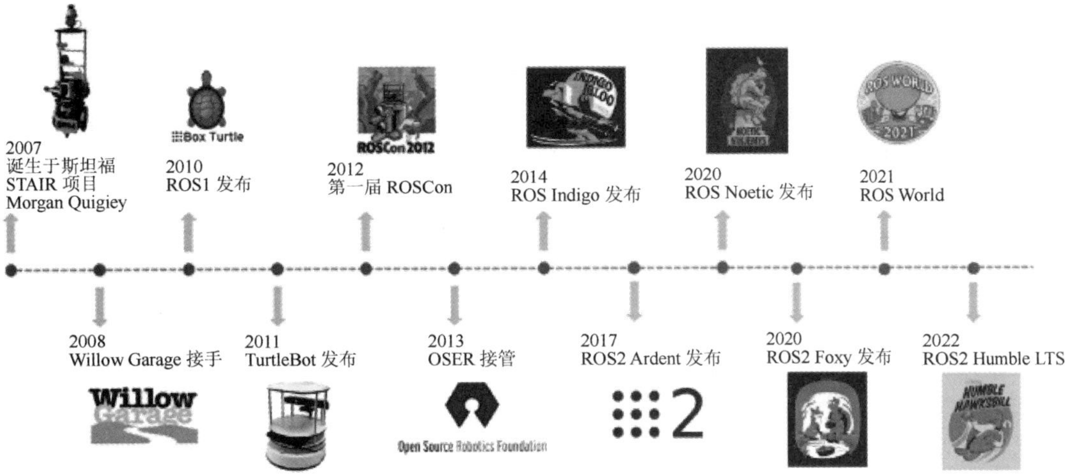

图 1-2　ROS 的发展历程

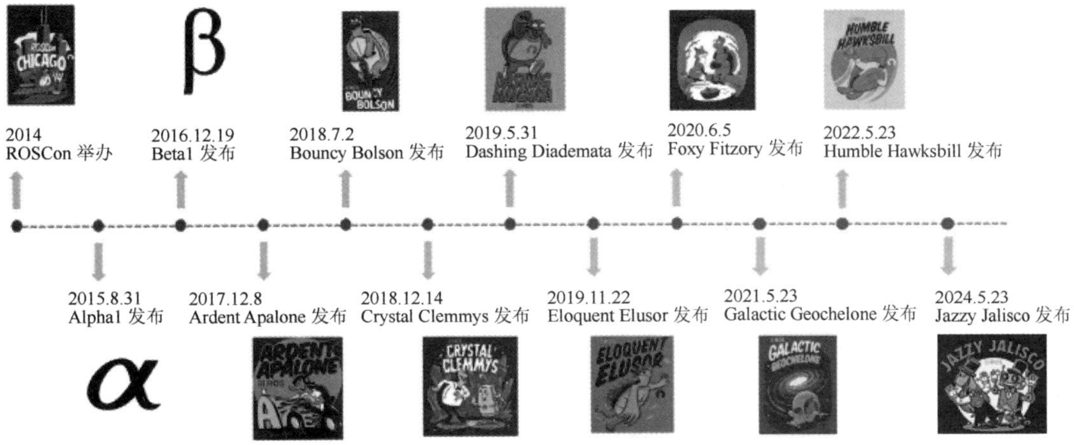

图 1-3　ROS2 的发展历程

提高机器人软件复用率，这个目标简单来讲就是不重新造轮子。正如一家生产汽车的公司，从零制造汽车并不是一个明智的做法，他们通常会采购 A 公司的轮子、B 公司的引擎、C 公司的多媒体系统，最后把这些整合到一起制作汽车。同理，我们也可以将 ROS 社区中已有的各种软件集合到一起，在此之上去实现自己的创意，同时还可以将自己的成果分享给别人，这样大家都可以站在巨人的肩膀上，向前走得更远，一步一步，智能机器人才会有更多沉淀和更长远的进步。在学习 ROS2 之前，你也许听说或使用过 ROS1，ROS2 从名称上来看，不就是第二代 ROS 吗，变化能有多大呢？下面就对 ROS1 和 ROS2 进行对比，看看其中的变化到底有多大。

为什么会有 ROS2？

当然是因为 ROS1 有一些问题了，具体是什么问题呢？从 ROS 发展的历史中可以找到答案。ROS 最早的设计目标就是开发一款 PR2 家庭服务机器人，这款机器人绝大部分时间都是独立工作的，为了让它具备充足的能力，为它搭载了工作站级别的计算平台和各种先进的通信设备，不用担忧算力不够，有足够的实力支持各种复杂的实时运算和处理；由于是单兵作战，通信绝大部分都是自己内部完成，那就可以用有线连接，保证了良好的网络连接，没有丢数据或者黑客入侵的风险。

最终这台机器人虽然小批量生产了，但是由于其高昂的成本和售价，也只能用于学术研究。随着 ROS 的普及，应用 ROS 的机器人类型已经和 PR2 有了天翻地覆的变化，也并不具备 PR2 这样的条件，那原本针对 PR2 设计的软件框架，就会出现一些问题，例如，如何在资源有限的嵌入式系统中运行？如何在有干扰的地方保证通信的可靠性？如何做成产品走向市场，甚至用在自动驾驶汽车和航天机器人上？

ROS2 怀揣着变革智能机器人时代的历史使命，在设计之初，便考虑到满足以下各种各样机器人应用的需求。

（1）多机器人系统：未来机器人一定不会是独立的个体，机器人和机器人之间也需要通信和协作，ROS2 为多机器人系统的应用提供了标准方法和通信机制。

（2）跨平台：机器人应用场景不同，使用的控制平台也会有很大差异，例如，自动驾驶汽车中的算力性能肯定比 AMR 机器人强很多，为了让所有机器人都可以运行 ROS2，ROS2 可以跨平台运行于 Linux、Windows、macOS、RTOS，甚至是没有任何系统的微控制器（MCU）上，这样我们就不用纠结自己的控制器能不能用 ROS 了。

（3）实时性：机器人运动控制和很多行为策略要求机器人具备实时性，例如，机器人要可靠，需要在 100ms 内发现前方的行人，或者稳定地在 1ms 周期内完成运动学、动力学的解算，ROS2 为类似这样的实时性需求提供了基本保障。

（4）网络连接：在各种网络环境下，ROS2 致力于确保机器人传输的大量数据的完整性与安全性，例如，在 Wi-Fi 信号不好时数据也要尽力发送过去，在面临黑客入侵风险的情况下，确保数据传输的安全性和完整性。

（5）产品化：随着机器人技术的不断进步，越来越多的机器人开始融入我们的日常生活，预计未来这一趋势将进一步加剧。ROS2 不仅在机器人研发阶段发挥着重要作用，而且其稳定性和健壮性也使其能够直接嵌入消费产品，满足市场的需求。这种从研发到市场的转变，对 ROS2 的稳定性和可靠性提出了更高的要求，确保其在各种环境和条件下都能保持高效和安全的性能。

（6）项目管理：机器人开发是一个复杂的系统工程，涉及设计、开发、调试、测试、部署等全流程的项目管理工具和机制，这些工具和机制也会在 ROS2 中体现，以方便我们去开发一款机器人。

要满足这些需求，ROS2 的设计和开发工作并不简单，相对手机这样标准化的产品，Android 系统也可以尽量做到标准化，但是机器人类型千差万别，如何能够适合尽量多的机器人，这可能远比开发一个手机系统或者计算机系统更加复杂。

ROS 开发者面对的选择有两个，第一个选择是在 ROS1 的架构之上，进行修改和优化，类似一个盖好的房子，我们把它打成毛坯房，重新装修翻新一下，但肯定会受制于原本建筑的格局，长远来看并不是最佳选择。ROS 开发者最终选择了第二种方案，那就是推倒重来。ROS2 是在 ROS1 的基础上全新设计的机器人操作系统，它不仅继承了 ROS1 的优点，还针对 ROS1 的不足进行了显著的改进和优化。与 ROS1 相比，ROS2 的主要改进体现在以下几个方面。

（1）系统架构进行了颠覆性的变化，ROS1 中所有节点都需要在节点管理器（Master）的管理下进行工作，一旦 Master 出现问题，系统就面临宕机的风险。ROS2 实现了真正的分布式，不再有 Master 这个角色，借助一种全新的通信框架 DDS，为所有节点的通信提供可靠保障。

（2）软件 API 进行了重新设计，ROS1 原有的接口已经无法满足需求，ROS2 结合 C++最新标准和 Python3 语言特性，设计了更具通用性的 API，虽然导致原有 ROS1 的代码无法直接在 ROS2 中运行，但是尽量保留了类似的使用方法，同时提供了大量移植的说明。

（3）编译系统进行了升级，ROS1 中使用的 rosbuild 和 catkin 问题诸多，尤其是针对代码较多的大项目以及 Python 编写的项目，编译、链接经常会出错，ROS2 对这些问题也进行了优化，重新优化后的编译系统称为 ament 和 colcon。

以上三点只是框架层面的变化，下面继续介绍 ROS1 和 ROS2 具体细节的变化。如图 1-4 所示，左侧是 ROS1，右侧是 ROS2，大家注意看两者最明显的变化，那就是 Master。

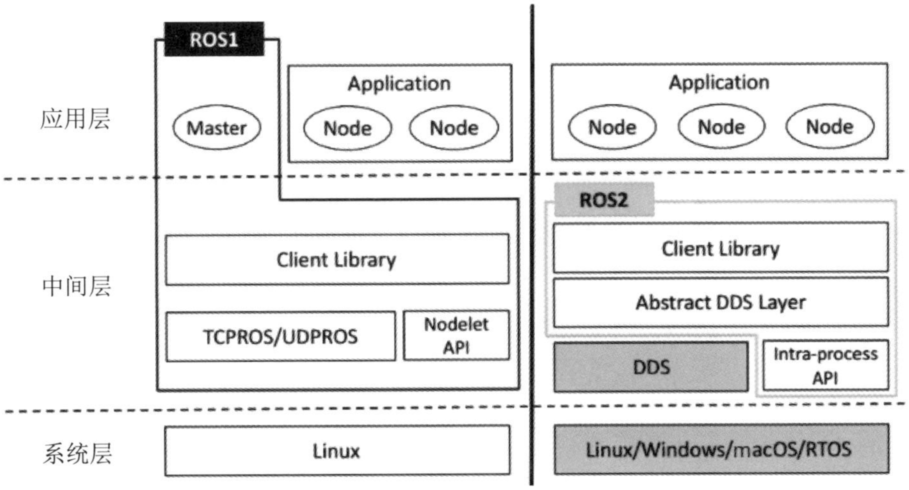

图 1-4　ROS1 与 ROS2 细节对比

在 ROS1 中，应用层中 Master 节点管理器的角色至关重要，所有节点都得听它指挥，类似一个公司的 CEO，有且只有一个，如果这个 CEO 突然消失，公司运营将会受到严重影响。ROS2 把这个最不稳定的角色去除了，节点可以通过另外一套 discovery——自发现机制，找到彼此，从而建立稳定的通信连接。

中间层是 ROS 封装好的标准通信接口，在写程序时，我们会频繁和这些通信接口打交道，例如，发布一个图像的数据、接收一个雷达的信息等，客户端库会再调用底层复杂的驱动和通信协议，让我们的开发变得更加简单明了。

在 ROS1 中，ROS 通信依赖底层的 TCP 和 UDP 协议，而在 ROS2 中，通信协议更换成了更加复杂但也更加完善的 DDS 系统。

如果是在进程内需要进行大量数据的通信，ROS1 和 ROS2 都提供了基于共享内存的通信方法，只不过名字不太一样而已。

最下边是系统层，也就是可以将 ROS 安装在哪些操作系统上，ROS1 主要安装在 Linux 上，而 ROS2 的可选项比较多，Linux、Windows、macOS、RTOS 都可以。

如果读者有接触过 ROS1，图 1-4 应该不难理解；如果读者从 ROS2 开始学习，先大致有一个印象，通过后续的学习，就会有更加深入的理解。

1.1.2 ROS2 开发环境搭建

1. VM15.5 安装 Ubuntu20.04 虚拟机

在 Windows 操作系统上运行 ROS2 设备，需要安装虚拟机来配置虚拟环境，本书以 VMware Workstation Pro 15.5（简称 VM15.5）为例安装官方 Ubuntu20.04 系统镜像，具体安装步骤如下。

步骤一：下载 VM15.5，运行 VMware 应用程序进行安装。打开 VM15.5 后，单击界面中的“创建新的虚拟机”按钮，打开新建虚拟机向导，选择使用默认的典型配置，单击“下一步”按钮，如图 1-5 所示。

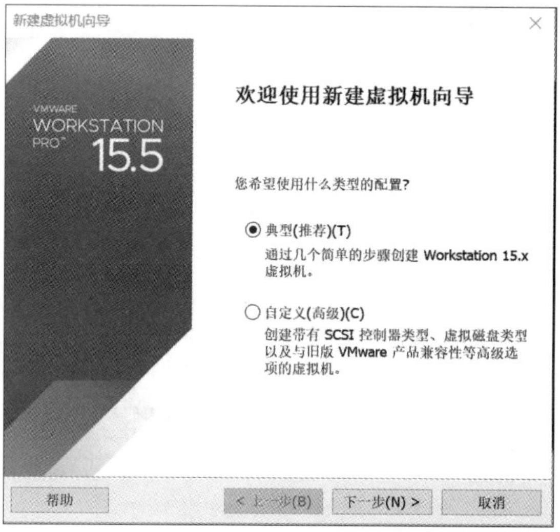
新建虚拟机向导
VMWARE
WORKSTATION
PRO
15.5
欢迎使用新建虚拟机向导
您希望使用什么类型的配置?
典型(推荐)(T)
通过几个简单的步骤创建 Workstation 15.x 虚拟机。
自定义(高级)(C)
创建带有 SCSI 控制器类型、虚拟磁盘类型以及与旧版 VMware 产品兼容性等高级选项的虚拟机。
帮助
< 上一步(B)
下一步(N) >
取消

图 1-5　新建虚拟机向导界面

步骤二：在“安装程序光盘映像文件”中选择下载好的 Ubuntu20.04 镜像路径，单击“下一步”按钮，如图 1-6 所示。

步骤三：填写个人信息，包括创建用户名和密码，完成后单击“下一步”按钮继续操作，如图 1-7 所示。

步骤四：设置安装路径，然后单击“下一步”按钮继续，如图 1-8 所示。

步骤五：自定义硬件配置。

（1）磁盘大小可自行设置，选中“将虚拟磁盘拆分成多个文件”单选按钮，单击“下一步”按钮，如图 1-9 所示。

（2）进行自定义硬件配置，内存选择 2GB，处理器数量和每个处理器的内核数量选择 2，单击“下一步”按钮，如图 1-10 所示。

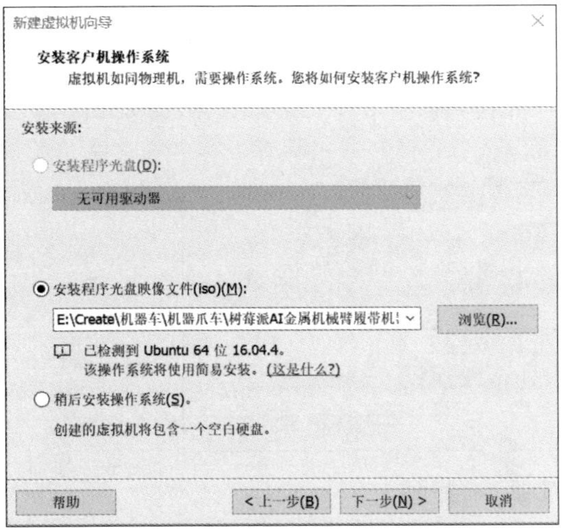

图 1-6　选择 Ubuntu20.04 的镜像路径

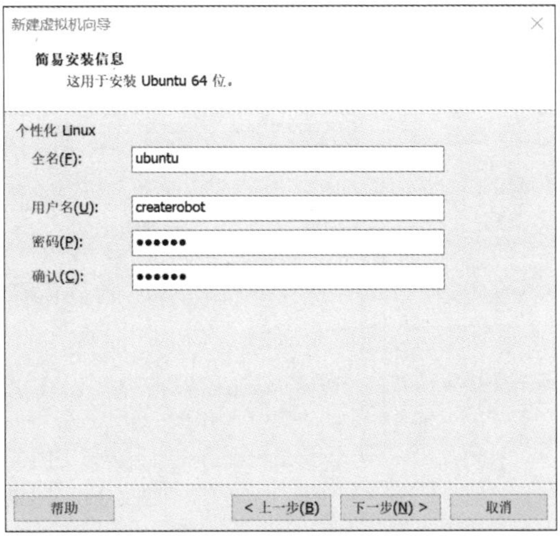

图 1-7　信息完善界面

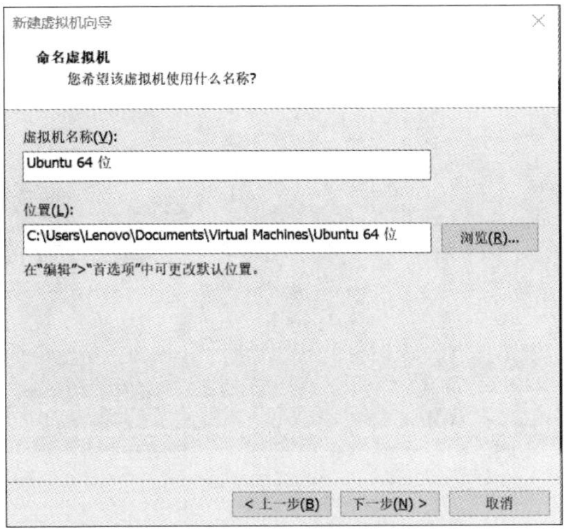

图 1-8　自定义安装路径

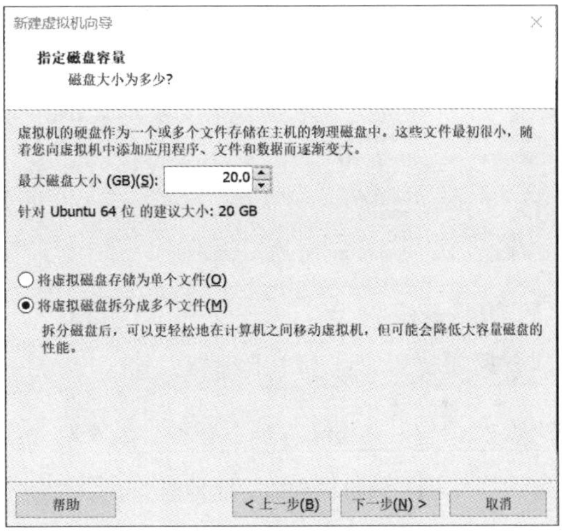

图 1-9　指定磁盘容量界面

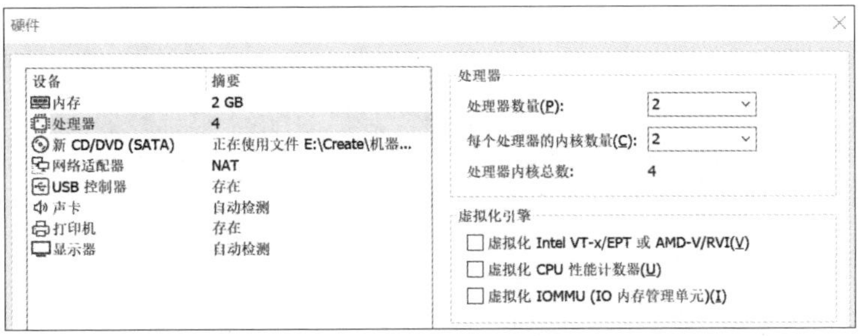

图 1-10　进行自定义硬件配置界面

（3）网络适配器选择桥接模式并选中“复制物理网络连接状态”复选框，单击“下一步”按钮，如图 1-11 所示。

步骤六：完成配置，单击“完成”按钮，进入安装界面进行安装，分别如图 1-12（a）和图 1-12（b）所示。

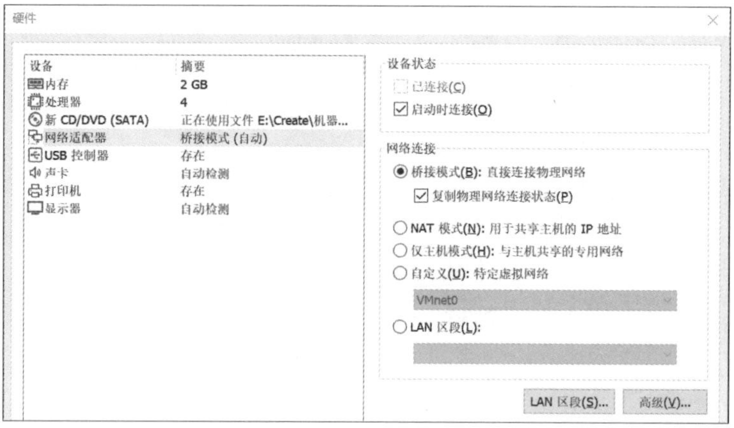

图 1-11　网络适配器选择界面

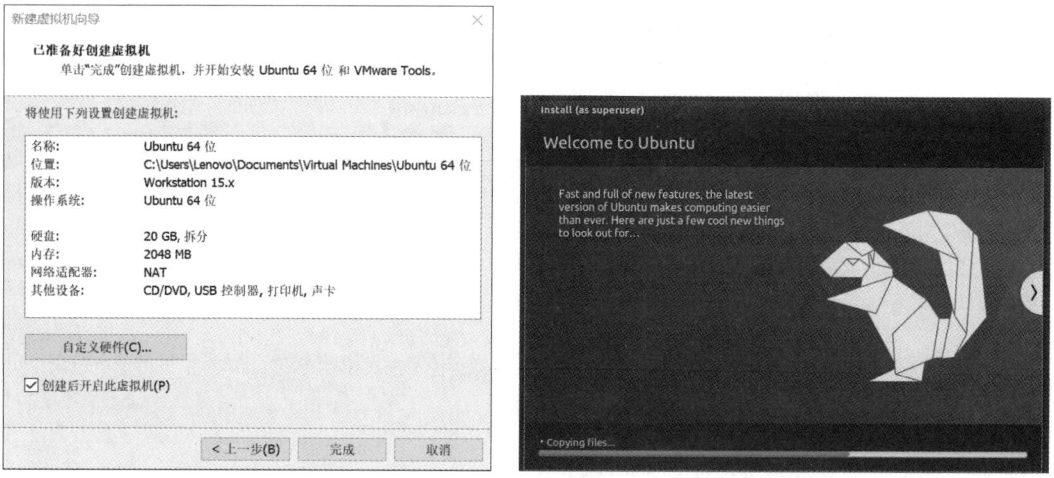

（a）虚拟机创建完成界面　　（b）安装界面

图 1-12　进行安装

步骤七：进行系统登录。软件安装完毕后，需要输入密码以进入 Ubuntu 系统的桌面环境，如图 1-13 所示。

图 1-13　密码输入界面

2. 虚拟机安装 ROS2 Foxy 系统

ROS2 可在大量不同的系统上使用，本书将使用 Ubuntu 系统进行演示，Ubuntu 是一个流行且相对友好的 Linux 发行版。Ubuntu 提供了一个易用的安装工具，允许计算机在原有的系统（通常是 Windows 和 macOS）与 Ubuntu 之间选择要启动的系统。注意，安装 Ubuntu 之前备份好系统很重要，以免发生不可预见的情况将硬盘全部擦除。虽然有一些虚拟环境（如 VirtualBox 和 VMware）可以在宿主系统中运行 Linux，但本书使用的模拟器是计算和图形显示密集的程序，因此在虚拟机中运行会非常慢。所以建议按照 Ubuntu 网站的指导安装运行原生的系统。具体操作步骤如下。

步骤一：打开 Ubuntu 浏览器进入 ROS2_kinetic 的 wiki 安装网站，如图 1-14 所示。

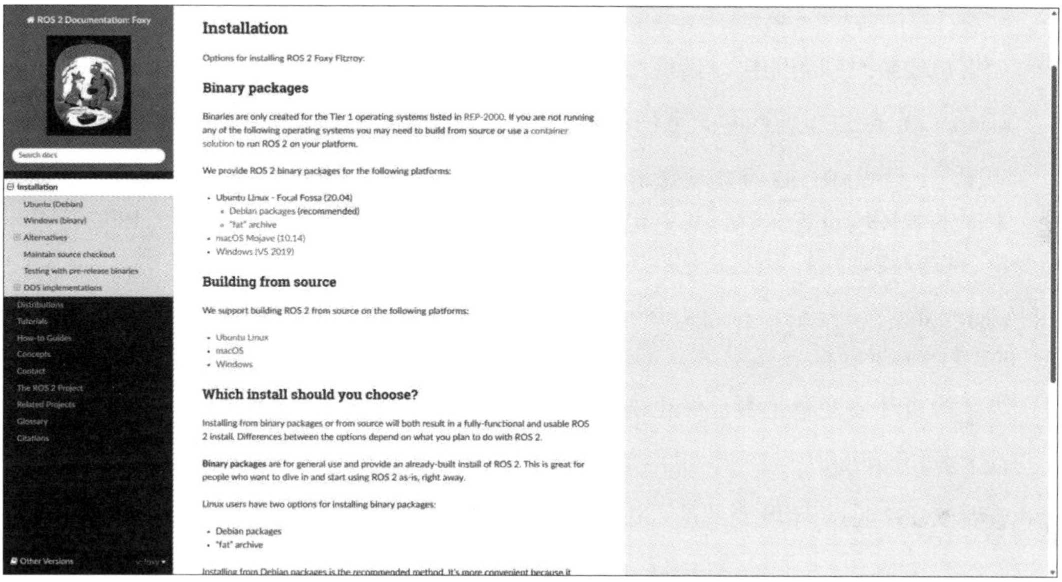
ROS 2 Documentation: Foxy
Installation
Options for installing ROS 2 Foxy Fitzroy:
Binary packages
Binaries are only created for the Tier 1 operating systems listed in REP-2000. If you are not running any of the following operating systems you may need to build from source or use a container solution to run ROS 2 on your platform.
We provide ROS 2 binary packages for the following platforms:
Ubuntu Linux - Focal Fossa (20.04)
Debian packages (recommended)
"fat" archive
macOS Mojave (10.14)
Windows (VS 2019)
Building from source
We support building ROS 2 from source on the following platforms:
Ubuntu Linux
macOS
Windows
Which install should you choose?
Installing from binary packages or from source will both result in a fully-functional and usable ROS 2 install. Differences between the options depend on what you plan to do with ROS 2.
Binary packages are for general use and provide an already-built install of ROS 2. This is great for people who want to dive in and start using ROS 2 as-is, right away.
Linux users have two options for installing binary packages:
Debian packages
"fat" archive
Installation
Ubuntu (Debian)
Windows (binary)
Alternatives
Maintain source checkout
Testing with pre-release binaries
DDS implementations
Distributions
Tutorials
How-to Guides
Concepts
Contact
The ROS 2 Project
Related Projects
Glossary
Citations
Other Versions
图 1-14　ROS2_kinetic 的 wiki 安装网站界面

步骤二：安装 ROS2 系统，输入安装命令。

（1）在 Ubuntu 系统中打开控制台，输入以下命令：

```
sudo apt install software-properties-common
sudo add-apt-repository universe
```

（2）为了从 ROS2 存储库下载功能包，添加以下公钥：

```
sudo apt update && sudo apt install curl -y
sudo curl -SSL https://raw.githubusercontent.com/ros/rosdistro/master/ros.key -o /usr/share/keyrings/ros-archive-keyring.gpg
```

（3）更新软件包索引。在进行 ROS2 的安装之前，推荐用户执行以下步骤来刷新软件包索引并更新 Ubuntu 系统中的所有软件包（这不是一个强制性的要求）。

```
echo "deb [arch=$(dpkg –print-architecture) singed-by=/usr/share/keyrings/ros-archive-keyring.gpg] http://packages.ros.org/ros2/ubuntu $(. /etc/os-release && echo $UBUNTU_CODENAME) main" | sudo tee /etc/apt/ sources.list.d/ros2.list > /dev/null
```

（4）安装 ROS2 Foxy。本书使用 ROS2 Foxy 小车，通过执行以下命令，可以安装 ROS2 的核心功能包，包括 ROS2 本身、rqt 工具、RViz 可视化工具，以及涉及机器人开发、仿真和导航等功能的库。

```
sudo apt update
sudo apt upgrade
sudo apt install ros-foxy-desktop python3-argcomplete
sudo apt install ros-dev-tools
```

如果想安装 ROS2 功能包，可以用下面的 apt-cache 命令搜索以 ROS-foxy 开头的所有的功能包。利用这个命令可以搜索到 1600 多个功能包。

```
apt-cache search ROS-foxy-*
```

如果想安装个别功能包，请使用以下命令：

```
sudo apt-get install ROS-foxy-[功能包名称]
```

步骤三：添加 ROS2 环境变量。

下面加载环境设置文件，其中定义了 ROS2_PACKAGE_PATH 和 ROS2_ROOT 等环境变量。打开终端执行以下命令：

```
echo "source /opt/ros/foxy/setup.bash" >> ~/.bashrc
source ~/.bashrc
```

为了检查环境变量是否已经正确设置，可以运行以下命令来验证：

```
sudo gedit ~/.bashrc
```

查看 ROS2-foxy 环境变量是否添加成功，如图 1-15 所示。

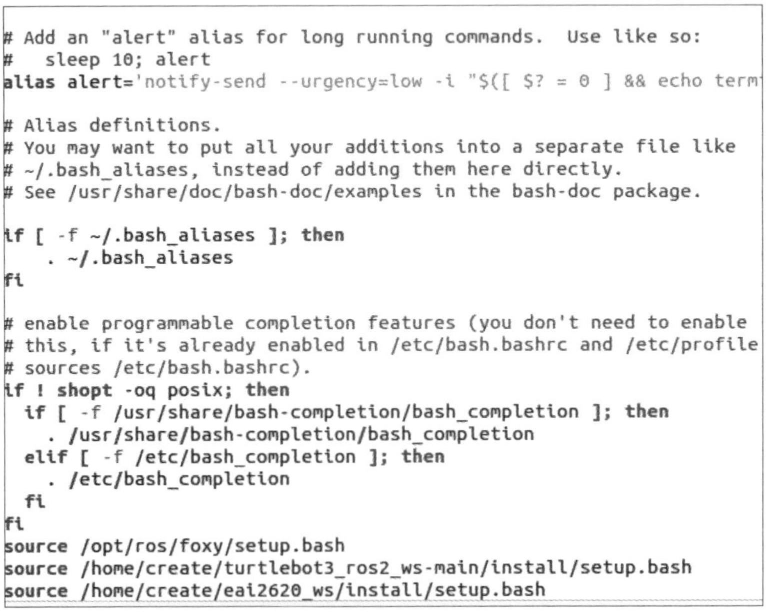

```
# Add an "alert" alias for long running commands.  Use like so:
#   sleep 10; alert
alias alert='notify-send --urgency=low -i "$([ $? = 0 ] && echo term

# Alias definitions.
# You may want to put all your additions into a separate file like
# ~/.bash_aliases, instead of adding them here directly.
# See /usr/share/doc/bash-doc/examples in the bash-doc package.

if [ -f ~/.bash_aliases ]; then
    . ~/.bash_aliases
fi

# enable programmable completion features (you don't need to enable
# this, if it's already enabled in /etc/bash.bashrc and /etc/profile
# sources /etc/bash.bashrc).
if ! shopt -oq posix; then
  if [ -f /usr/share/bash-completion/bash_completion ]; then
    . /usr/share/bash-completion/bash_completion
  elif [ -f /etc/bash_completion ]; then
    . /etc/bash_completion
  fi
fi
source /opt/ros/foxy/setup.bash
source /home/create/turtlebot3_ros2_ws-main/install/setup.bash
source /home/create/eai2620_ws/install/setup.bash
```

图 1-15　查看 ROS2-foxy 环境变量添加界面

步骤四：测试。

所有 ROS2 安装已完成，要测试它是否正确安装，请关闭所有终端窗口并运行两个新的终端窗口。现在，用户可以通过依次输入下列命令来启动程序，其运行界面如图 1-16 所示。

```
ros2 run demo_nodes_cpp talker
ros2 run demo_nodes_py listener
```

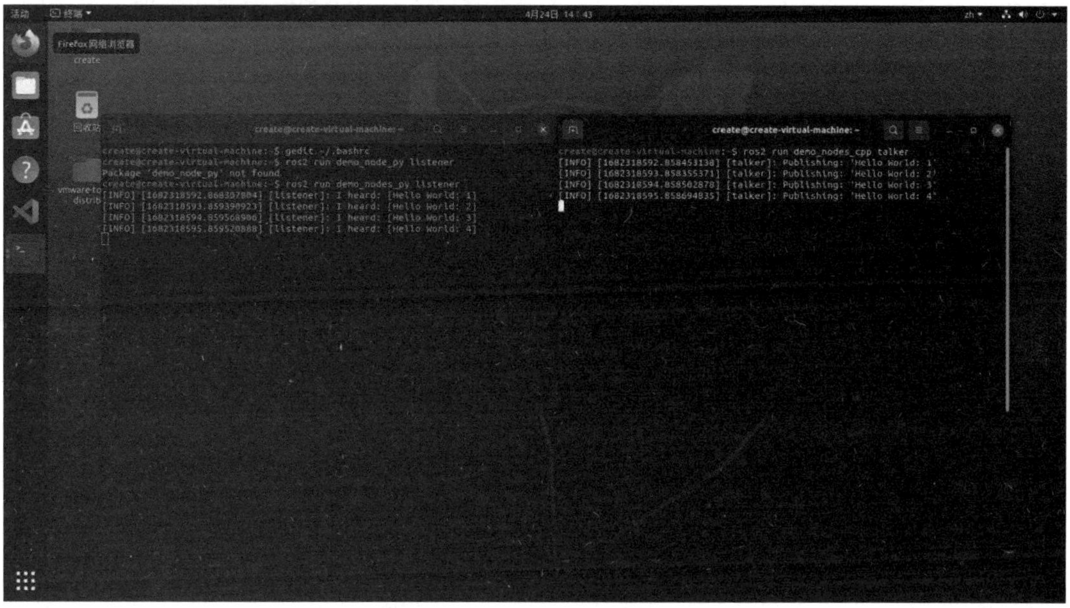

图 1-16　测试安装结果界面

1.2　ROS2 体系架构及简单使用

1.2.1　ROS2 与 ROS1 的区别

从应用系统方面来说：ROS1 组件使用 C++/Python，ROS2 组件使用 C/Python；ROS1 只支持 Linux，而 ROS2 支持 Linux/Windows/macOS/RTOS；ROS2 在通信机制上进行了重大改进，它不再依赖于 ROS1 中的 TCPROS/UDPROS 和中心化的 Master 节点处理，而是采用了基于 DDS（Data Distribution Service）的通信框架。DDS 提供了一种去中心化的通信机制，允许节点自主发现并建立稳定的通信连接，从而避免了单点故障的风险。此外，ROS2 还引入了新的编译系统 ament，替代了 ROS1 中的 catkin，提供了更高效的构建流程和更好的跨平台支持。ament 和 colcon 一起工作，自动化了构建过程，处理依赖关系，并设置了使用软件包的环境。这些改进使得 ROS2 在稳定性和健壮性方面得到了显著提升，能够更好地应对消费市场对机器人系统日益增长的需求。

1.2.2 ROS2 的架构

下面主要介绍几个概念。

（1）Fastdds：Fastdds 是 eProsima 对 OMG 定义的 DDS 的实现，该通信主要实现了跨域的发布订阅消息。

（2）RMW：由于 ROS2 的通信使用了 DDS 通信，而 DDS 是 OMG 制定的标准协议，OMG 定义了 DDS 的实体、关系和功能，但是实际上各个 DDS 的实现和管理不尽相同，更难的是各个实现的接口并不统一。ROS 为了适配这些功能，ROS2 提出中间层接口的概念，即 RMW，是 ROS2 软件堆栈和底层中间件实现之间的接口，让 ROS 内核开发者不再关心底层通信的实现。

（3）RMW_impl：相应的中间层接口提出后，DDS 实现者为了适配 ROS2，同样需要将自身实现的功能接口对应到中间层的通用接口，于是有了 RMW 的接口实现，通常该部分由 DDS 实现者去实现。

（4）rcl：rcl 是一个级别稍高的 API，用于实现客户端库，不直接接触中间件实现，它调用 RMW 层，ROS 客户端库 API 可以被上层客户端库（如 rclc、rclcpp、rclpy 等）使用，为了避免代码中的逻辑和功能重复，通过 API 的复用，可以使客户端库更加精简且保持一致性。这种方法不仅提高了代码的效率，还增强了不同组件间的兼容性。但由于不特定于语言的实现的原因，客户端库还会提供一个语言惯用解决方案。rcl 接口提供不特定于语言模式且不特定于消息类型的函数。

（5）rcl_utils：在上层开发中，往往会遇到一些与底层通信和系统无关，但是又经常用到的逻辑接口。ROS 为方便上层调用，实现了 rcl_utils，它由整个 ROS2 代码库中使用的宏、函数和数据结构组成，主要用于错误处理、命令行参数解析和日志记录，它们不特定于客户端或中间件层，可以由两者共享。

1.2.3 使用 turtlesim 及 rqt

turtlesim 是一个用于学习 ROS2 的轻量级模拟器，它说明了 ROS2 在基本层面做了什么，可以用于了解稍后将使用机器人或模拟机器人做什么。

在配置好系统变量环境后，打开一个新的终端，安装 turtlesim 软件包。

```
sudo apt update
sudo apt install ros-foxy-turtlesim
```

检查软件包是否已经安装：

```
ros2 pkg executables turtlesim
```

返回结果如图 1-17 所示。

在终端输入以下命令启动 turtlesim：

```
ros2 run turtlesim turtlesim_node
```

此时弹出一个模拟环境窗口，如图 1-18 所示。

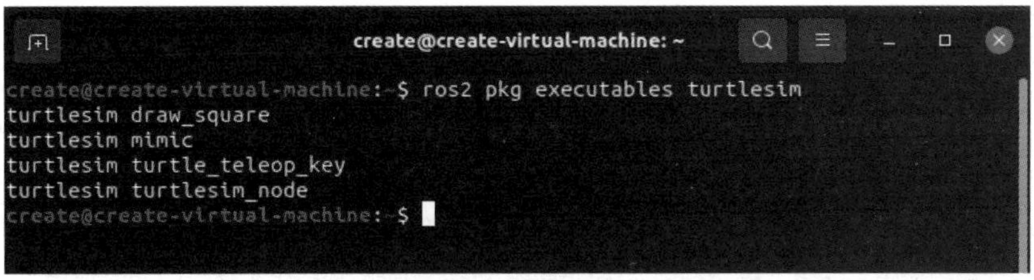

图 1-17　返回结果

图 1-18　模拟环境窗口

在终端中，我们可以看到来自节点的消息：

```
[INFO] [turtlesim]: Starting turtlesim with node name /turtlesim
[INFO] [turtlesim]: Spawning turtle [turtle1] at x=[5.544445], y=[5.544445], theta=[0.000000]
```

在这里，我们可以得到默认的海龟名称及其生成的坐标。

接下来，我们可以启动另一个终端，并通过启动一个新的节点来操控海龟进行移动。在该新终端中，输入以下命令：

```
ros2 run turtlesim turtle_teleop_key
```

如图 1-19 所示，此时虚拟机中打开了 3 个窗口，通过使用键盘上的箭头控制，可以看到海龟在屏幕上移动，同时绘制出其移动轨迹。

接下来安装 rqt。新建终端，在终端中输入以下内容：

```
sudo apt update
sudo apt install ros-foxy-rqt-*
```

在终端中输入 rqt：

```
rqt
```

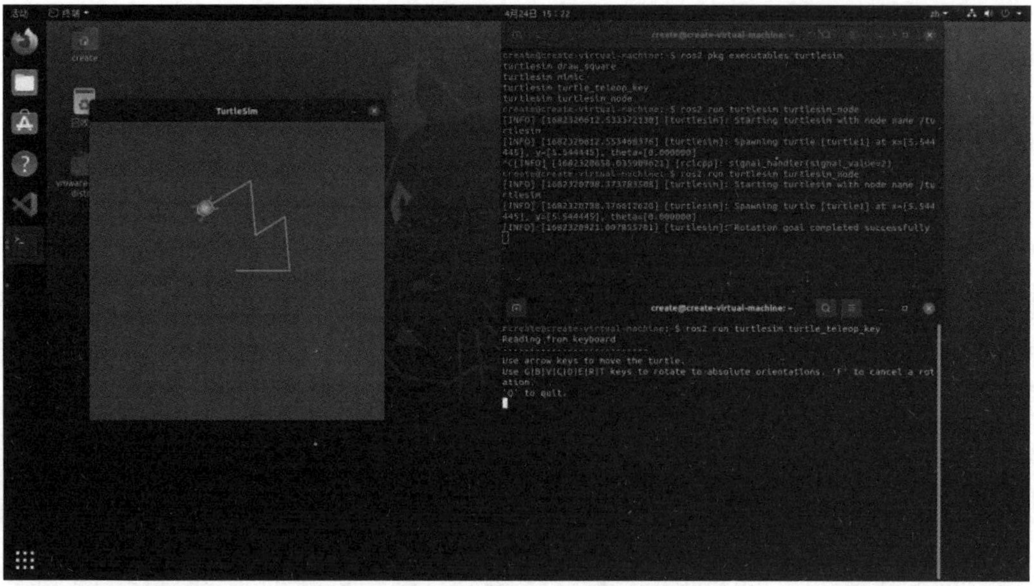

图 1-19　虚拟机中的窗口

安装完成后，首次运行 rqt 时，窗口为空白，从顶部菜单栏中选择 Plugins→Service→Service Caller，如图 1-20 所示。

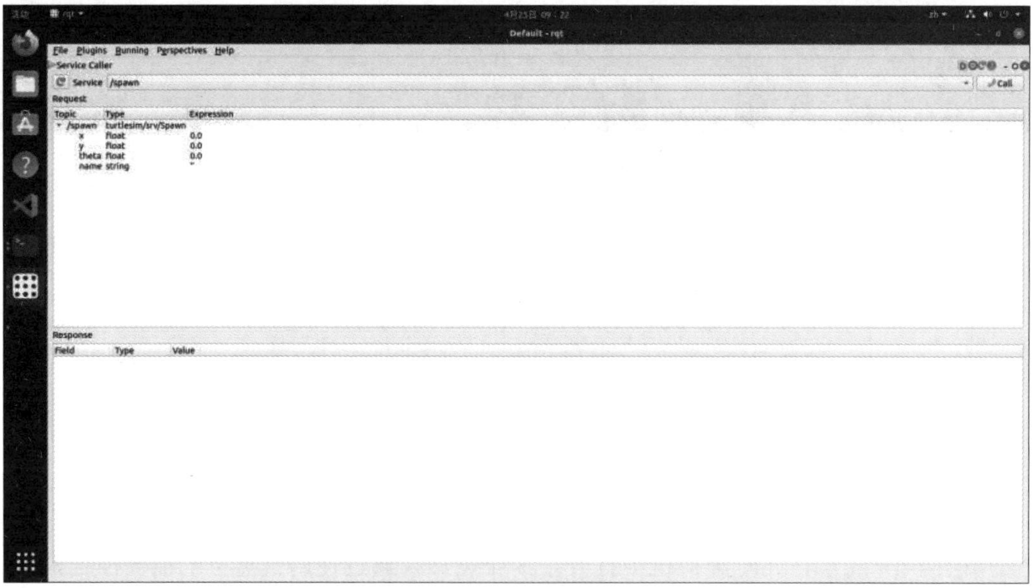

图 1-20　rqt 运行窗口

此时我们可以使用 rqt 调用服务。例如，修改/spawn/name 参数中的值，输入 turtle2，单击 Call 按钮，即可生成第二只海龟，如图 1-21 所示。

如果尝试生成与现有同名的新海龟，会在终端中收到一条错误消息：

```
[ERROR] [turtlesim]: A turtle named [turtle1] already exists
```

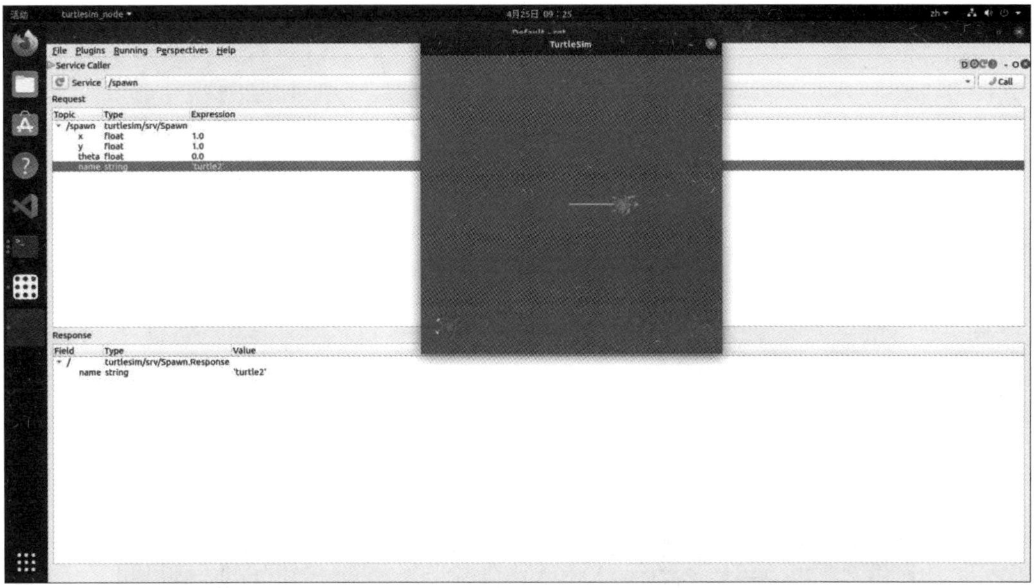

图 1-21　rqt 调用服务生成第二只海龟

此时在 rqt 中刷新服务列表，可看到/turtle1 和/turtle2 两组服务列表，如图 1-22 所示。

rqt 中不仅提供了服务参数修改功能，还提供了查看节点、日志信息打印、绘制数据曲线、发布主题数据/调用服务请求、图像显示及数据包管理功能等。总而言之，作为 ROS2 的 GUI 工具，它提供了一种更简单、更友好的方式来操作 ROS2 元素。

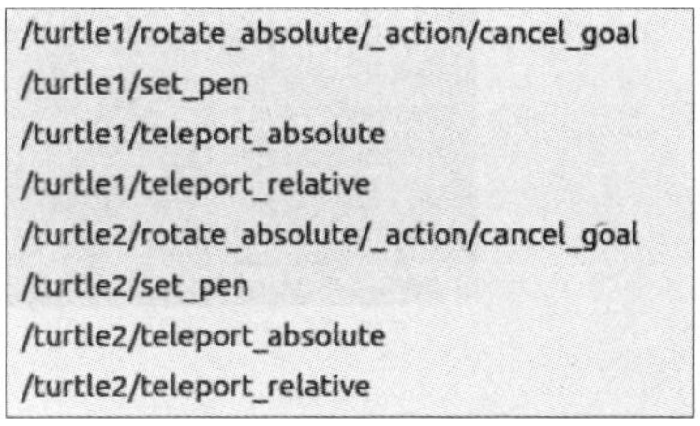

图 1-22　两组服务列表

1.3　ROS2 计算图介绍

1.3.1　节点

与 ROS1 一样，ROS2 中的各项资源也是通过计算图（ROS (2) graph）联系到一起的。计算图是一个由各种 ROS2 元素组成的网络，共同完成数据的传输，其中每个完成具体功能的模块称为节点（Node）。例如，控制轮子速度、接收雷达信息等，节点间通过发布/订阅主题（Topic）、服务（Service）调用、动作（Action）请求或参数（Parameter）交互来交换数据，如图 1-23 所示。

一个完整的机器人系统是由多个节点组成的，每个节点各司其职，完成自己的工作。在 ROS2 中，每个可执行程序（C++、Python）可以包含一个或者多个节点，这是与 ROS1 中不同的。ROS2 提供了处理节点的工具，如 ros2 node。执行“ros2 node -h”命令，可以查看此工具的所有支持命令，如图 1-24 所示。其中，ros2 node info [node name]用于输出当前节点信息；ros2 node list 用于列出当前活动节点。

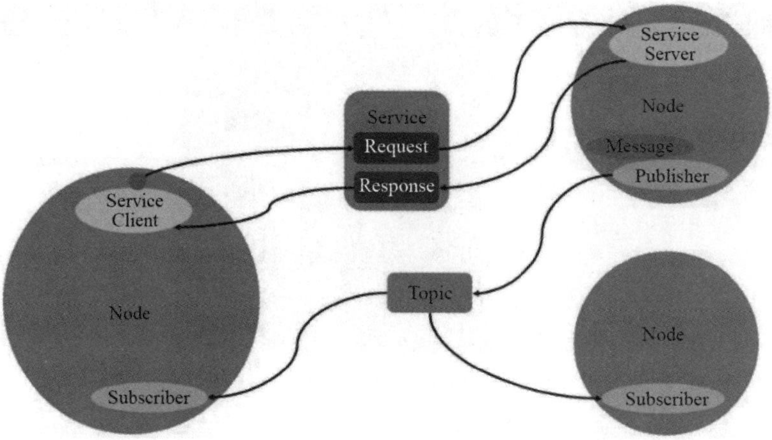

图 1-23　节点示意图

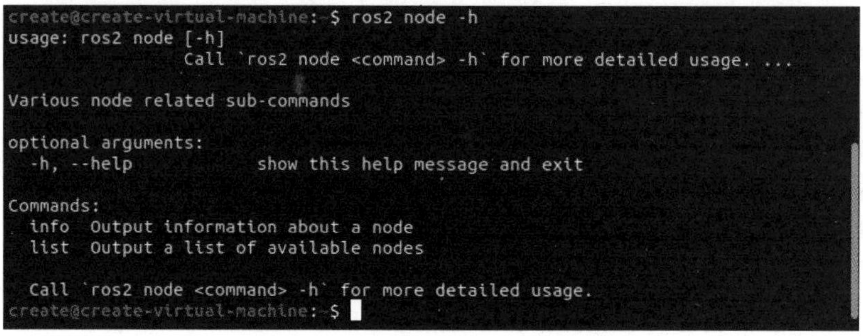

```
create@create-virtual-machine:~$ ros2 node -h
usage: ros2 node [-h]
                 Call `ros2 node <command> -h` for more detailed usage. ...

Various node related sub-commands

optional arguments:
  -h, --help            show this help message and exit

Commands:
  info  Output information about a node
  list  Output a list of available nodes

  Call `ros2 node <command> -h` for more detailed usage.
create@create-virtual-machine:~$
```

图 1-24　执行“ros2 node -h”命令

使用某个节点时，只需要写出包名和节点名就可以调用节点，不需要写路径：

```
$ ro2 run [package_name] [node_name]
```

以 turtlesim 为例，在新终端中启动 turtlesim 节点：

```
ros2 run turtlesim turtlesim_node
```

再打开一个新的终端，输入以下命令：

```
ros2 node list
```

此时，终端显示界面如图 1-25 所示。

```
create@create-virtual-machine: ~
create@create-virtual-machine:~$ ros2 node list
/rqt_gui_py_node_2451
/teleop_turtle
/turtlesim
create@create-virtual-machine:~$
```

图 1-25　终端显示界面

现在知道节点的名称，可以使用以下方法访问有关节点的更多信息：

```
ros2 node info <node_name>
```

例如，需要启动一个新的终端，在该终端里输入以下命令：

```
ros2 node info /turtlesim
```

我们即可在终端中看到/turltesim 节点的所有信息，如图 1-26 所示。

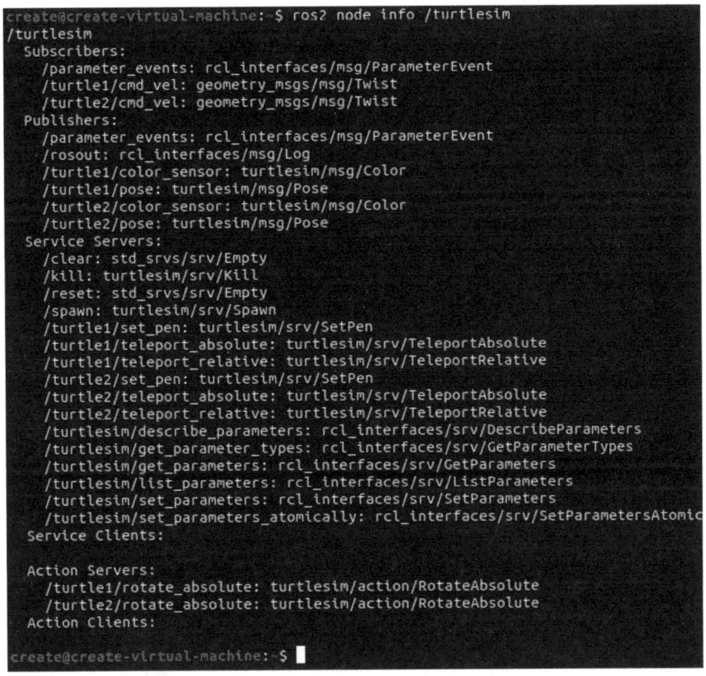

图 1-26　/turltesim 节点的所有信息

除了查看节点和了解节点信息，节点还有重映射功能。ROS 中的重映射机制可以帮助我们重定义节点的属性，如节点名称、主题、名称、服务名称等。例如，我们想修改看到的节点名 turtlesim，可以通过以下命令进行修改：

```
ros2 run turtlesim turtlesim_node --ros-args --remap    __node:=my_turtle
```

此时虽然又打开了一个 turtlesim 的仿真界面，但是和之前的仿真窗口并没有任何冲突，重新查看节点列表可以看到如图 1-27 所示的界面。

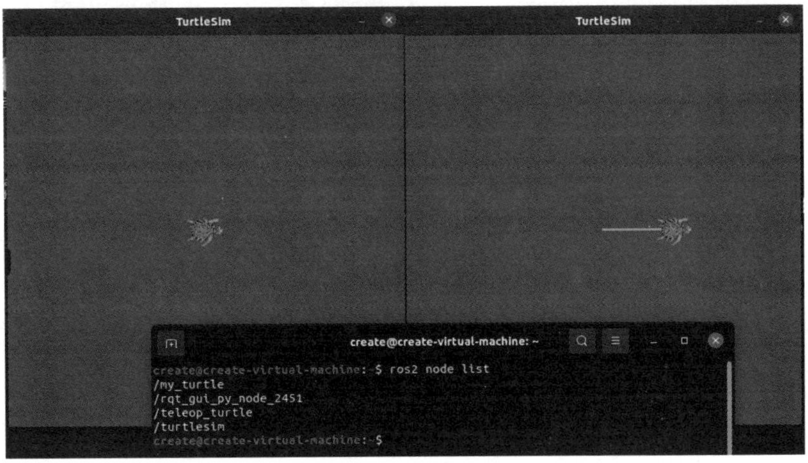

图 1-27　重新查看节点列表界面

总之，节点是 ROS 系统中基本的元件，主要完成机器人系统中某项具体的任务。

1.3.2 主题

主题（Topic）作为节点间通信的桥梁，支持多种通信模式，包括单向传递、广播、集合接收和多向交互。一般来说，主题充当节点交换消息的总线。主题示意图如图 1-28 所示。

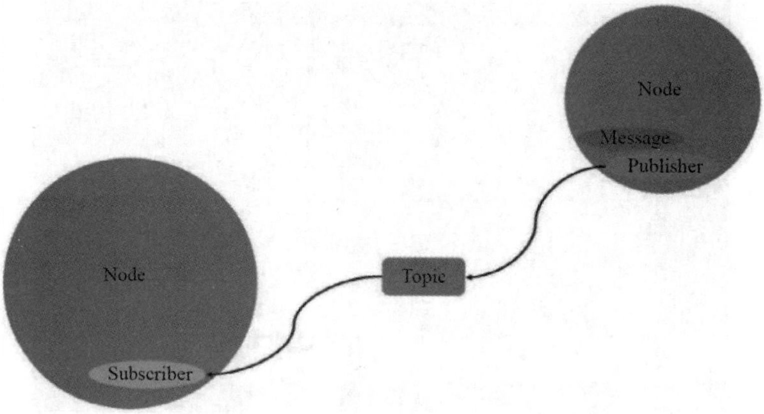

图 1-28 主题示意图（一）

一个节点能够向任意数量的主题发布数据，也可以订阅任意数量的主题，这种双向的通信机制可以通过图 1-29 来形象展示。

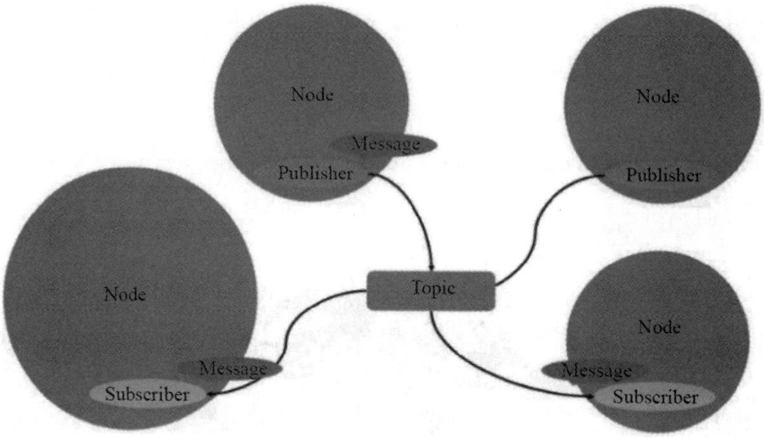

图 1-29 主题示意图（二）

主题是数据在节点之间移动的主要方式之一，因此也是在系统的不同部分之间移动的主要方式之一。

在 ROS 中，我们可以通过 rqt 中的 rqt_graph 来可视化不断变化的节点和主题，以及它们的连接。打开新终端，输入以下命令，终端界面如图 1-30 所示。

```
rqt_graph
```

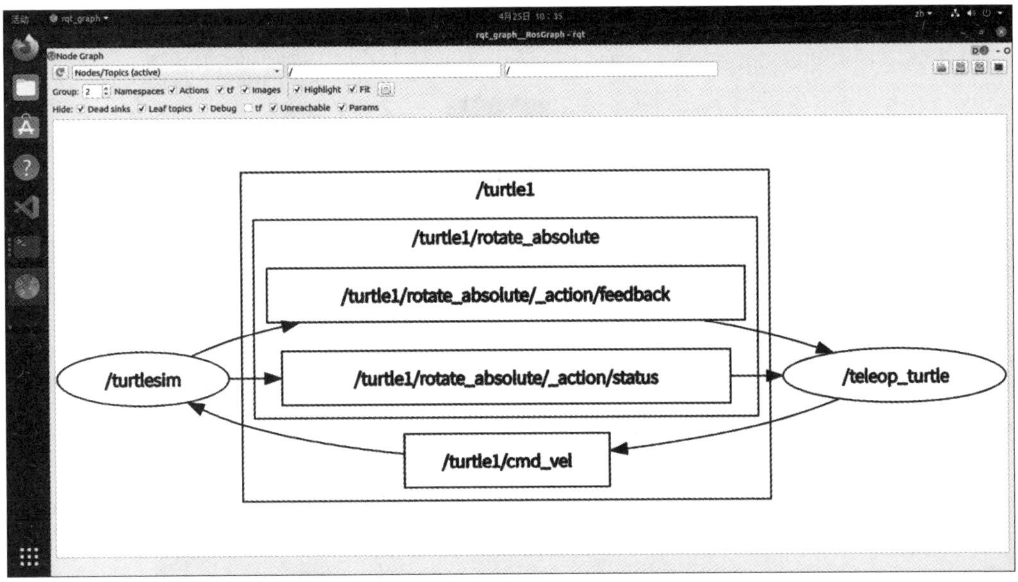

图 1-30　输入 rqt_graph 后的终端界面

图 1-30 描述了节点和节点如何通过主题相互通信。节点正在向主题发送信息，并且也订阅了该主题以接收信息。在检查具有许多节点和主题以多种不同方式连接的更复杂的系统时，rqt_graph 的显示功能非常有用。除了使用 rqt_graph，还可以通过以下命令来查看主题。

（1）ros2 topic list：用于查看主题列表。

（2）ros2 topic echo <topic_name>：用于显示主题消息。

（3）ros2 topic info <topic_name>：用于显示主题信息。

（4）ros2 interface show <msg_type>：用于显示消息类型。

（5）ros2 topic pub <topic_name> <msg_type> '<args>'：用于发布数据至主题。

（6）ros2 topic hz <topic_name>/<msg>：用于查看数据发布速率。

1.3.3　服务

服务（Service）是 ROS2 计算图中节点之间通信的另一种方法。服务基于调用和响应模型，而不是主题的发布者-订阅者模型。虽然主题允许节点订阅数据流并获得持续更新，但服务仅在客户端专门调用时才提供数据。服务示意图如图 1-31 和图 1-32 所示。

打开一个新终端并运行：

```
ros2 run turtlesim turtlesim_node
```

打开另一个终端并运行：

```
ros2 run turtlesim turtle_teleop_key
```

再打开另一个终端输入：

```
ros2 service list
```

此时即可查看到所有当前活动的服务列表，如图 1-33 所示。

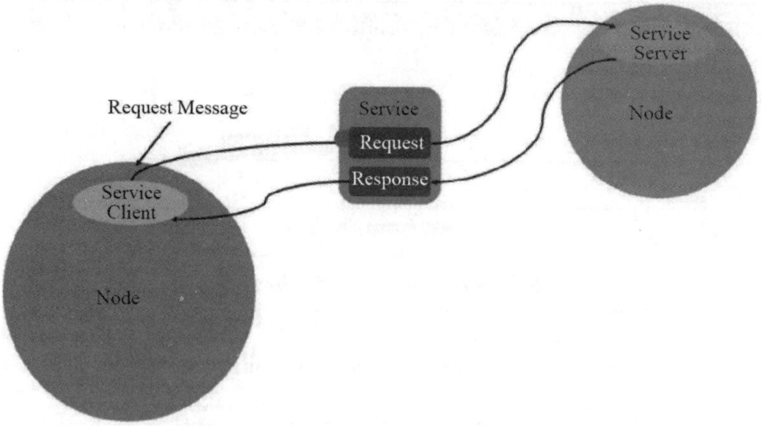

图 1-31　服务示意图（一）

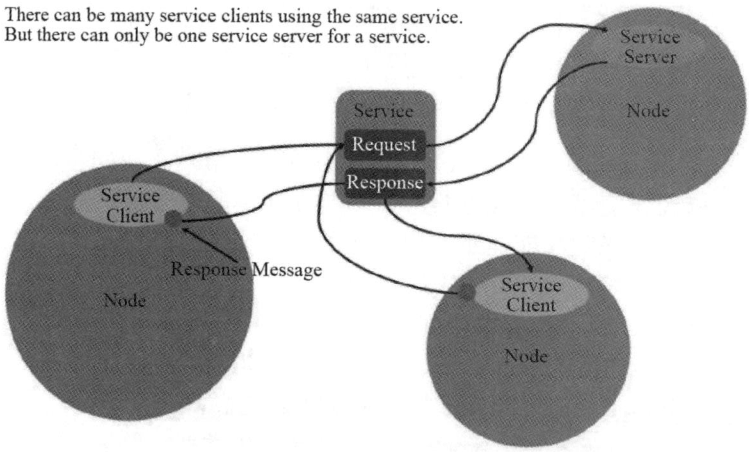

图 1-32　服务示意图（二）

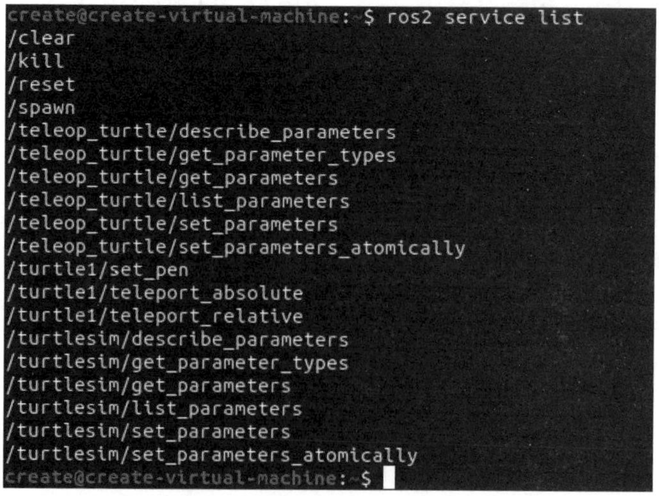

```
create@create-virtual-machine:~$ ros2 service list
/clear
/kill
/reset
/spawn
/teleop_turtle/describe_parameters
/teleop_turtle/get_parameter_types
/teleop_turtle/get_parameters
/teleop_turtle/list_parameters
/teleop_turtle/set_parameters
/teleop_turtle/set_parameters_atomically
/turtle1/set_pen
/turtle1/teleport_absolute
/turtle1/teleport_relative
/turtlesim/describe_parameters
/turtlesim/get_parameter_types
/turtlesim/get_parameters
/turtlesim/list_parameters
/turtlesim/set_parameters
/turtlesim/set_parameters_atomically
create@create-virtual-machine:~$
```

图 1-33　处于活动状态的所有服务列表

可以看到，两个节点的名称中都有相同的 6 个服务。ROS2 中几乎每个节点都有这些构建参数的基础服务。这些服务我们都可以通过 rqt 中的 service_caller 插件进行交互。

服务具有描述服务的请求和响应数据结构的类型。服务类型的定义与主题类型类似，不同之处在于，服务类型分为两部分：一部分用于请求，另一部分用于响应。想要查看服务类型可以通过以下命令实现。

```
ros2 service type <service_name>
```

例如，查看 turtlesim 的服务。在新终端中输入以下命令：

```
ros2 service type /clear
```

结果如图 1-34 所示。

图 1-34　turtlesim 的服务

该类型表示服务调用在发出请求时不发送任何数据，在接收响应时不接收任何数据。要同时查看所有活动的服务类型，可以将选项附加在命令中：

```
ros2 service list -t
```

返回结果如图 1-35 所示。

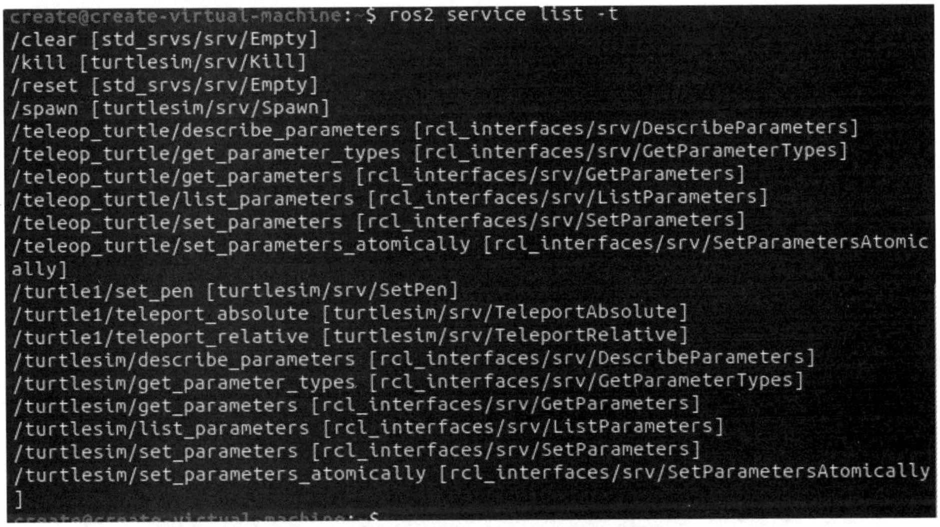

图 1-35　同时查看所有活动的服务类型

如果要查找特定类型的所有服务，可以使用以下命令：

```
ros2 service find <type_name>
```

例如，可以通过以下命令查找所有 Empty 类型服务：

```
ros2 service find std_srvs/srv/Empty
```

返回结果如图 1-36 所示。

图 1-36　查找所有 Empty 类型服务

调用服务时通常需要携带参数，但各种服务参数过多，无法全部记住，我们可以在 ros 中通过在终端中调用以下命令来了解参数结构：

```
ros2 interface show <type_name>.srv
```

在新终端中尝试以下操作：

```
ros2 interface show turtlesim/srv/Spawn
```

返回结果如下：

```
float32 x
float32 y
float32 theta
string name # Optional.   A unique name will be created and returned if this is empty
---
string name
```


在了解了什么是服务类型、如何查找服务类型及如何查找该类型数据结构后，可以使用以下命令调用服务：

```
ros2 service call <service_name> <service_type> <arguments>
```

例如，知道 Empty 类型服务没有任何参数，可以使用以下命令清除绘制了任意线条的 TurtleSim 窗口，程序返回结果如图 1-37 所示。

```
ros2 service call /clear std_srvs/srv/Emtpy
```

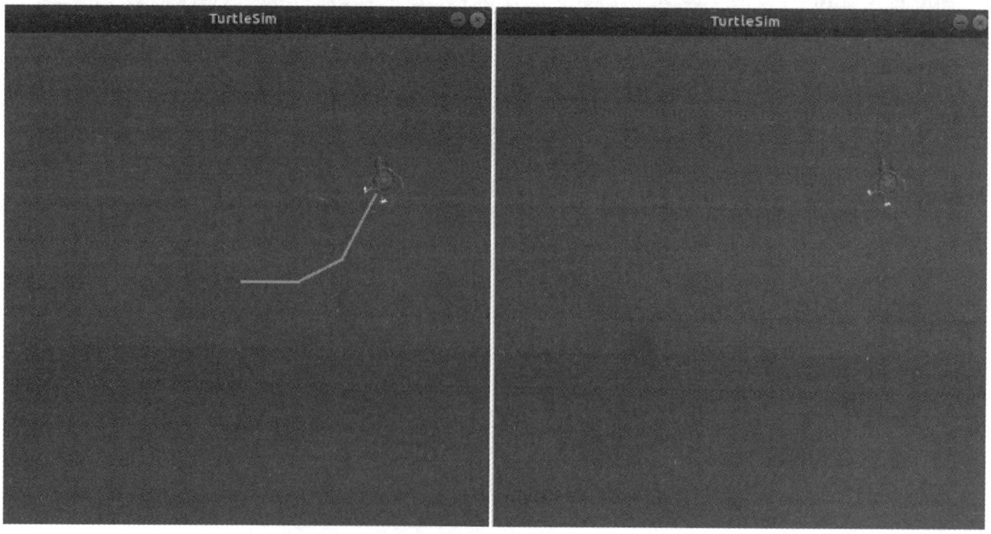

图 1-37　绘制任意线条的 TurtleSim 窗口

同时也可以调用和设置参数生成一只新的海龟，在终端输入服务调用需要使用的 YAML 语法，命令如下：

```
ros2 service call /spawn turtlesim/srv/Spawn "{x: 2，y: 2, theta: 0.2, name: ''}"
```

可得到以下服务响应：

```
requester: making request: turtlesim.srv.Spawn_Request(x=2.0, y=2.0, theta=0.2, name='')
response:
turtlesim.srv.Spawn_Response(name='turtle2')
```

同时 TurtleSim 窗口立即更新生成的海龟，如图 1-38 所示。

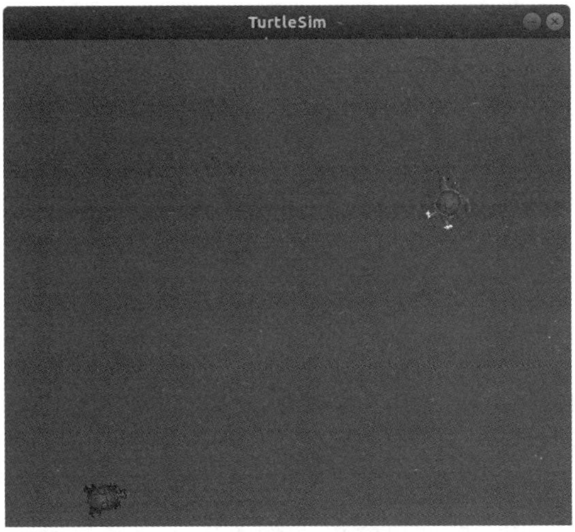

扫码查看彩图

图 1-38　更新生成的海龟

1.3.4　参数

参数是节点的配置值，可以将参数视为节点设置。节点可以将参数存储为整数、浮点数、布尔值、字符串和列表等多种形式。在 ROS2 中，每个节点都维护自己的参数。所有参数都是可以动态重新配置的，并且是基于 ROS2 服务构建的。

要查看节点的参数，可以在一个新的终端窗口中执行以下命令：

```
ros2 param list
```

此时可以看到所有节点的命名空间及每个节点的参数，如图 1-39 所示。

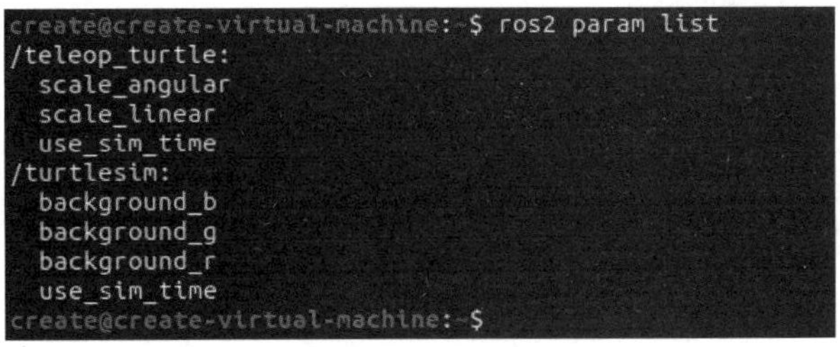

图 1-39　所有节点的命名空间及每个节点的参数

要显示参数的类型及当前值可使用以下命令：

```
ros2 param get <node_name> <parameter_name>
```

通过上面显示的参数列表，以 background_b 为例，查看其值：

```
ros2 param get /turtlesim background_g
```

得到返回结果如下：

```
Integer value is: 86
```

通过结果可知，background_b 为整数类型，值为 86。
除了得到参数值，也可执行命令设置参数值，命令如下：

```
ros2 param set <node_name> <parameter_name> <value>
```

尝试更改 turtlesim 窗口的背景值，在终端中输入：

```
ros2 param set /turtlesim background_r 150
```

终端返回以下消息：

```
Set parameter successful
```

此时可以看到 TurtleSim 窗口背景颜色变换，如图 1-40 所示。

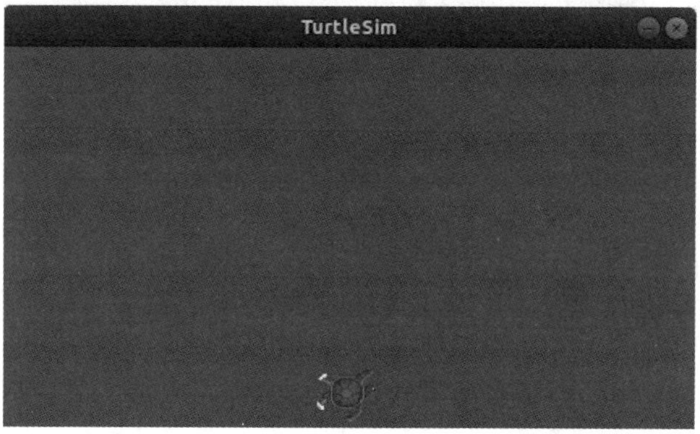

扫码查看彩图

图 1-40　TurtleSim 窗口背景颜色变换

使用上述命令设置参数只会在当前会话中更改，并不会永久保存，但是可以保存设置并在下次节点启动时自动加载。保存参数设置可以使用以下命令：

```
ros2 param dump <node_name>
```

尝试保存 turtlesim 节点的参数命令如下：

```
ros2 param dump /turtlesim
```

终端得到返回结果如下：

```
Saving to:   ./turtlesim.yaml
```

可在当前工作目录的终端中找到一个新文件，打开文件可以看到以下内容：

```
turtlesim:
  ros__parameters:
    background_b: 255
    background_g: 86
    background_r: 150
    use_sim_time: false
```

参数保存后，在下次启动节点时可以通过以下命令将参数文件加载到当前运行节点：

```
ros2 param load <node_name> <parameter_file>
```

例如，将上面保存的参数文件加载到新的 turtlesim 节点中：

```
ros2 param load /turtlesim ./turtlesim.yaml
```

终端得到以下返回信息：

```
Set parameter background_b successful
Set parameter background_g successful
Set parameter background_r successful
Set parameter use_sim_time successful
```


如果要使用保存的参数值在节点启动时就自动加载，可使用以下命令：

```
ros2 run <package_name> <executable_name> --ros-args --params-file <file_name>
```

1.3.5 消息记录包

消息记录包（bag）是 ROS2 中用于捕获和重放消息数据的文件格式。这种文件格式对于保存数据至关重要，它允许我们捕获难以获取的传感器信息，并通过对这些数据的多次回放来进行算法开发和性能测试。以.bag 为后缀的文件是 ROS2 中的消息记录包，通过控制这些文件的播放、暂停和倒带，可以在 ROS2 环境中模拟实时数据流，从而方便算法的迭代和调试。使用消息记录包工具时，无须每次调试都开动机器人，我们可以先使用 bag 记录机器人传感器的数据，然后使用这些记录数据测试代码。bag 的功能不仅仅局限于记录和重放数据。ROS2 还提供了与消息记录包相关的命令行工具“ros2 bag <args>”，用来录制、播放和执行操作。

为了记录消息，我们使用 ROS2bag 的 record 功能，并制定一系列需要记录的主题的名字。例如，若要记录 scan 和 tf 主题上发送的所有消息，则执行以下命令：

```
ros2 bag record scan tf
```

执行上述命令后会将所有的消息存储到一个文件中，文件名的格式是 YYYY-MM-DD-HH-mm-ss.bag。此文件记录了 ROS2bag 开始运行的时间。因此除非同时运行多个 ROS2bag，否则每个文件都有唯一的名字。我们可以执行“-0 +文件名字”或“--output-name 标志”命令来更改输出文件的名字，也可以使用“-o”或“--output-prefix 标志”来给文件增加前缀名。

我们可以使用 play 功能来播放之前记录的包。这个功能有很多命令行参数，例如，播放速度、从文件何处开始播放及其他一些操作，命令如下：

```
ros2 bag play –clock 文件名
```

如果指定的包文件多于一个，那么它们将会被顺序播放。其中 clock 标志需要 ROS2bag 发布时间消息，这对于创建地图来说是很重要的。

我们可以执行命令"ros2 bag info 文件名"来查看文件的信息，文件内可以给出一些包的细节，例如，文件的起始时间、包文件涵盖的时间长度、包大小、包含信息量，以及这些消息（主题）是什么。这是检查包文件是否记录了所需信息的好方法。

1.4 ROS2 基本工具与使用

1.4.1 vi 的基本使用

vi 编辑器是 UNIX 和 Linux 系统的标准文本编辑工具，类似于 Windows 中的记事本。它功能强大，不亚于任何现代文本编辑器，是 Linux 用户不可或缺的工具。vi 编辑器在所有 UNIX 和 Linux 版本中保持一致性。vim 是 vi 的增强版，能够根据文件扩展名或文件内容的特定标记自动检测文件类型，并应用相应的语法高亮，以颜色区分代码和普通文本，增强了代码的可读性。

执行以下命令安装 vim：

```
sudo apt-get install vim
```

若出现如图 1-41 所示的报错，则执行：

```
sudo rm /var/cache/apt/archives/lock
sudo rm /var/lib/dpkg/lock
sudo dpkg --configure -a
sudo apt-get update
```

```
E: Could not get lock /var/lib/dpkg/lock - open (11: Resource temporarily unavailable)
E: Unable to lock the administration directory (/var/lib/dpkg/), is another process using it?
```

图 1-41　安装 vim 报错

然后再次输入以下命令：

```
sudo apt-get install vim
```

即可安装成功。安装完成后，通过"vim .bashrc"命令可以查看环境变量是否添加成功。如图 1-42 所示，在底部可看到环境添加成功，此处添加的是 ROS2-kinetic 的环境变量。输入 q，退出查看。

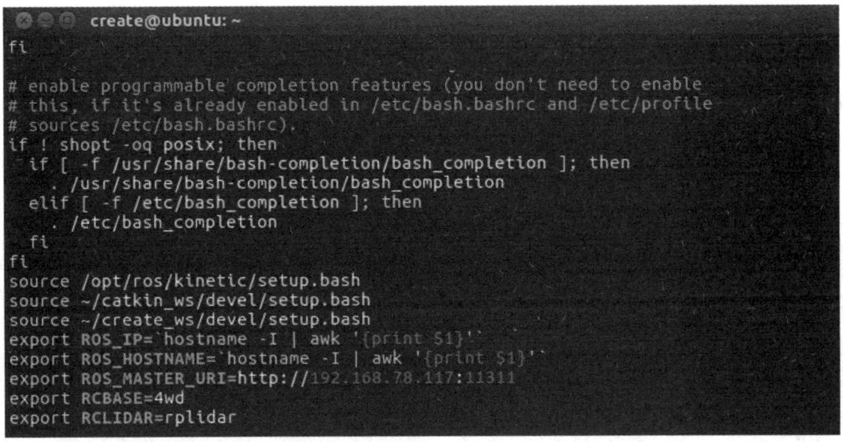
create@ubuntu: ~
fi
# enable programmable completion features (you don't need to enable
# this, if it's already enabled in /etc/bash.bashrc and /etc/profile
# sources /etc/bash.bashrc).
if ! shopt -oq posix; then
if [-f /usr/share/bash-completion/bash_completion]; then
. /usr/share/bash-completion/bash_completion
elif [-f /etc/bash_completion]; then
. /etc/bash_completion
fi
fi
source /opt/ros/kinetic/setup.bash
source ~/catkin_ws/devel/setup.bash
source ~/create_ws/devel/setup.bash
export ROS_IP=`hostname -I | awk '{print $1}'`
export ROS_HOSTNAME=`hostname -I | awk '{print $1}'`
export ROS_MASTER_URI=http://192.168.78.117:11311
export RCBASE=4wd
export RCLIDAR=rplidar

图 1-42　添加 ROS2-kinetic 的环境变量

vim 编辑器具备以下 4 种工作模式。

（1）正常模式：在正常模式下，可以通过键盘在文本中移动光标，光标范围从小到大是字符、单词、行、句子、段落和屏幕。启动 vim 后默认位于正常模式。无论目前处于什么模式下，按 Esc 键都可切换到正常模式。

（2）插入模式：按 i 键进入插入模式，即进入编辑状态，可通过键盘输入内容。

（3）命令模式：按:或/键进入命令模式，可执行一些命令（包括设置环境、文件操作、调用某个功能等）。

（4）可视模式：在正常模式下按 v 键进入可视模式。在终端进入 vim 后，输入“vim+filename”命令即可打开文件；输入“vim+filename1+filename2+filename3”命令可打开多个文件；输入“vim-On+filename1+filename2”命令可实现左右分屏（n 表示打开文件数）；输入“vim -on+filename1+filename2”命令可实现上下分屏（n 表示打开文件数）；按 Ctrl+W 组合键可以切换分屏；按 i 键开始进行编辑；按 Esc 键退出编辑；输入“:wq”保存退出；输入“:q!”不保存退出；输入“:e!”放弃对文件的所有修改，恢复文件到上次保存状态。

1.4.2　SSH 访问及基本配置

SSH（Secure Shell，安全外壳）协议是由互联网工程任务组（IETF）的网络工作小组制定的一个应用层安全协议。它专为远程登录会话和其他网络服务提供加密保护，以确保数据传输的安全性。SSH 协议能有效防止远程管理过程中的信息泄露问题。SSH 最初为 UNIX 系统设计，后来又迅速扩展至其他操作系统。正确配置和使用 SSH 可以修复网络中的安全漏洞。SSH 客户端支持多种平台，几乎所有 UNIX 系统（包括 HP-UX、Linux、AIX、Solaris、Digital UNIX、Irix 等）都能运行 SSH。SSH 通过加密远程会话数据，确保了数据传输的安全性。在 ROS2 系统中，当使用 Windows 操作系统对 Ubuntu 系统进行访问并连接设备时，需要使用 SSH 连接设备 IP 地址进行访问，具体操作步骤如下。

（1）将 ROS2 机器人通过 HDMI 与一台显示器相连接，打开 ROS2 机器人电源，进入 Ubuntu 操作界面后单击右上角选择网络进行联网。打开终端，输入 ifconfig 命令，查看 ROS2 机器人的 IP 地址，如图 1-43 所示，inet addr 后面的 IP 地址即为 ROS2 设备在某一网段下的网络地址，即 192.168.78.117。

```
createrobot@createrobot:~$ ifconfig
enxb827eb6ba653 Link encap:Ethernet  HWaddr b8:27:eb:6b:a6:53
          UP BROADCAST MULTICAST  MTU:1500  Metric:1
          RX packets:0 errors:0 dropped:0 overruns:0 frame:0
          TX packets:0 errors:0 dropped:0 overruns:0 carrier:0
          collisions:0 txqueuelen:1000
          RX bytes:0 (0.0 B)  TX bytes:0 (0.0 B)

lo        Link encap:Local Loopback
          inet addr:127.0.0.1  Mask:255.0.0.0
          inet6 addr: ::1/128 Scope:Host
          UP LOOPBACK RUNNING  MTU:65536  Metric:1
          RX packets:102 errors:0 dropped:0 overruns:0 frame:0
          TX packets:102 errors:0 dropped:0 overruns:0 carrier:0
          collisions:0 txqueuelen:1
          RX bytes:8928 (8.9 KB)  TX bytes:8928 (8.9 KB)

wlan0     Link encap:Ethernet  HWaddr b8:27:eb:3e:f3:06
          inet addr:192.168.78.117  Bcast:192.168.78.255  Mask:255.255.255.0
          inet6 addr: fe80::1994:f0a7:c73d:5150/64 Scope:Link
          UP BROADCAST RUNNING MULTICAST  MTU:1500  Metric:1
          RX packets:116 errors:0 dropped:0 overruns:0 frame:0
          TX packets:155 errors:0 dropped:0 overruns:0 carrier:0
          collisions:0 txqueuelen:1000
          RX bytes:18889 (18.8 KB)  TX bytes:23515 (23.5 KB)
```

图 1-43　执行 ifconfig 命令

（2）知道 ROS2 机器人的 IP 地址后，就可以通过虚拟机与 ROS2 机器人进行连接，执行“ssh createrobot@192.168.78.117”命令，连接 ROS2 机器人后的状态如图 1-44 所示。

```
create@ubuntu:~$ ssh createrobot@192.168.78.117
createrobot@192.168.78.117's password:
Welcome to Ubuntu 16.04.7 LTS (GNU/Linux 4.9.80-v7+ armv7l)

 * Documentation:  https://help.ubuntu.com
 * Management:     https://landscape.canonical.com
 * Support:        https://ubuntu.com/advantage

31 个可升级软件包。
10 of these updates are security updates.
To see these additional updates run: apt list --upgradable

New release '18.04.5 LTS' available.
Run 'do-release-upgrade' to upgrade to it.

Last login: Fri Feb 12 03:12:09 2016 from 192.168.78.109
```

图 1-44　执行“ssh createrobot@192.168.78.117”命令

（3）现在已经连接上了 ROS2 机器人，通过 vim 查看小车配置，执行“vim ~/.bashrc”命令，进入 ROS2 小车环境配置界面，如图 1-45 所示。我们可以看到底部有 ROS2-kinetic 的环境配置与所创建的工作空间的环境配置，还有 ROS2_MASTER_URI 的网络配置，需要更改为所查询到的 ROS2 机器人 IP 地址。

（4）更改好 ROS2 机器人的配置后，我们还需要更改虚拟机端的配置文件。同样，在新的终端执行“vim ~/.bashrc”命令，结果如图 1-46 所示。

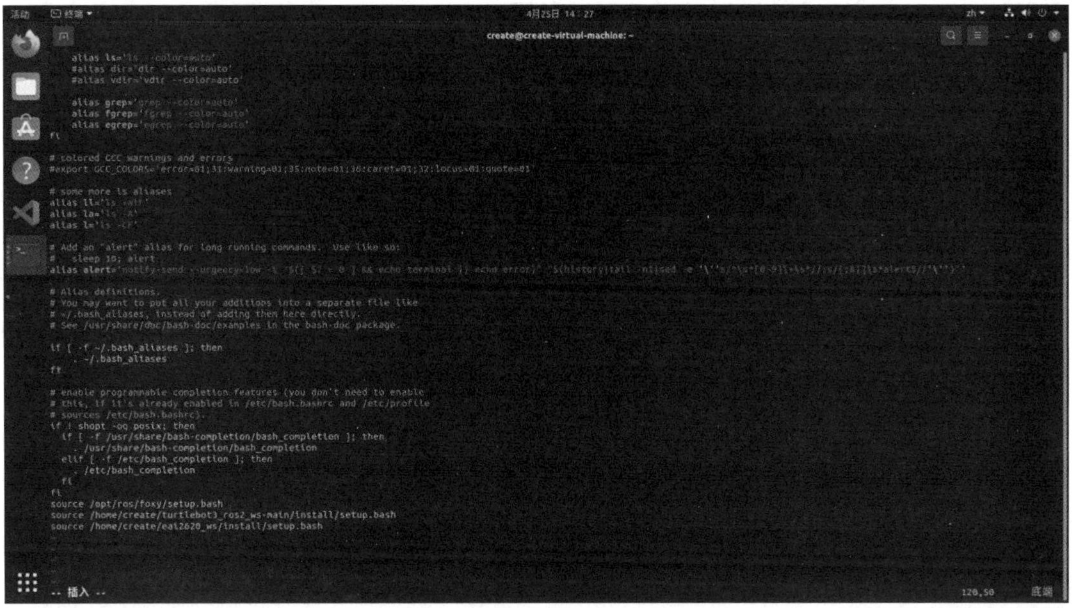
create@create-virtual-machine: ~
alias grep='grep --color=auto'
alias fgrep='fgrep --color=auto'
alias egrep='egrep --color=auto'
colored GCC warnings and errors
some more ls aliases
alias ll='ls -alF'
alias la='ls -A'
alias l='ls -CF'
# Alias definitions.
# You may want to put all your additions into a separate file like
# ~/.bash_aliases, instead of adding them here directly.
# See /usr/share/doc/bash-doc/examples in the bash-doc package.
if [-f ~/.bash_aliases]; then
. ~/.bash_aliases
fi
# enable programmable completion features (you don't need to enable
# this, if it's already enabled in /etc/bash.bashrc and /etc/profile
# sources /etc/bash.bashrc).
if ! shopt -oq posix; then
if [-f /usr/share/bash-completion/bash_completion]; then
. /usr/share/bash-completion/bash_completion
elif [-f /etc/bash_completion]; then
. /etc/bash_completion
fi
fi
source /opt/ros/foxy/setup.bash
source /home/create/turtlebot3_ros2_ws-main/install/setup.bash
source /home/create/eai2020_ws/install/setup.bash
-- 插入 --
底端

图 1-45　ROS2 小车环境配置界面

create@create-virtual-machine: ~
/turtlesim/set_parameters
/turtlesim/set_parameters_atomically
std_srvs/srv/Empty
/clear [std_srvs/srv/Empty]
/kill [turtlesim/srv/Kill]
/reset [std_srvs/srv/Empty]
/spawn [turtlesim/srv/Spawn]
/turtle1/set_pen [turtlesim/srv/SetPen]
/turtle1/teleport_absolute [turtlesim/srv/TeleportAbsolute]
/turtle1/teleport_relative [turtlesim/srv/TeleportRelative]
/clear
/reset
/teleop_turtle:
scale_angular
scale_linear
use_sim_time
/turtlesim:
background_b
background_g
background_r
use_sim_time
[sudo] create 的密码:
对不起，请重试。

图 1-46　执行“vim ~/.bashrc”命令

1.4.3　RViz2 介绍与使用

RViz2，即机器人可视化工具 2 代，是 ROS2 系统中用于 3D 场景可视化的关键工具。RViz2 可以把我们用代码建的机器人模型转化为可视的 3D 模型，可视化的作用是直观的，它极大地方便了监控和调试等操作。为了遥控机器人，我们想要看到机器人上的摄像机的输出，而 RViz2 能够绘制多种类型的数据流，特别是三维的数据。在 ROS2 中，所有类型的数据都被关联到一个参考坐标系上。

RViz2 作为一个功能丰富的图形用户界面，拥有众多的面板和插件，用户可以根据特定需求对它们进行定制。由于定制 RViz2 可能需要一定的时间，用户可以选择将配置好的 RViz2 状态保存为配置文件，便于后续快速加载使用。此外，RViz 在关闭时会自动将当前的配置保存到本地文件中，这样在下次启动时，面板和插件会根据上次保存的配置文件自动设置，方便用户继续之前的工作。

1. 启动 RViz2

（1）执行以下命令：

```
sudo apt-get install ros-foxy-rviz
```

（2）在终端中输入 rviz2 命令即可正常启动 RViz2，如图 1-47 所示。

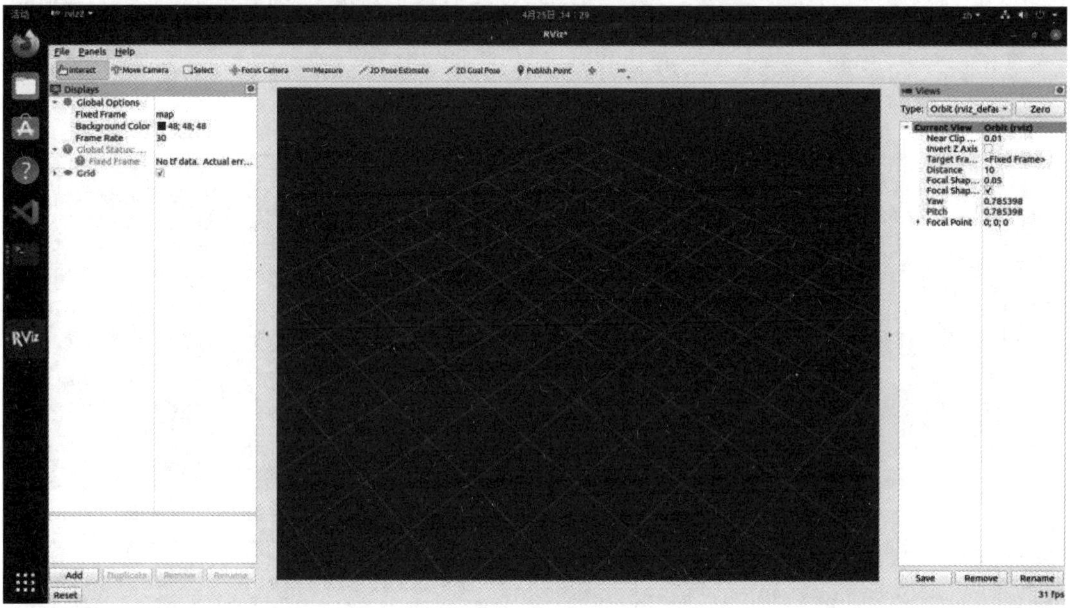

图 1-47　执行 rviz2 命令启动 RViz2

2. RViz2 结构与布局

运行 RViz2 成功后显示界面如图 1-48 所示，中间黑色区域为 3D 可视化区域，上部为工具栏，包括视点操作、目标选择、位置发布在内的多种功能，并且用户可以根据自己的需求添加特定的插件来扩展其功能。左侧面板可以显示各种用户加载的选项。右侧为全局选项，下方为时间，可通过左下方的 Add 按钮来增加新的显示选项。

RViz2 能够绘制多种类型的数据流，特别是三维数据。在 ROS2 中，所有类型的数据都被关联到一个参考坐标系上。Odometry 参考坐标系，经常称为 odom，它的原点设置在机器人开机的位置，或是最近一次里程计复位的位置。

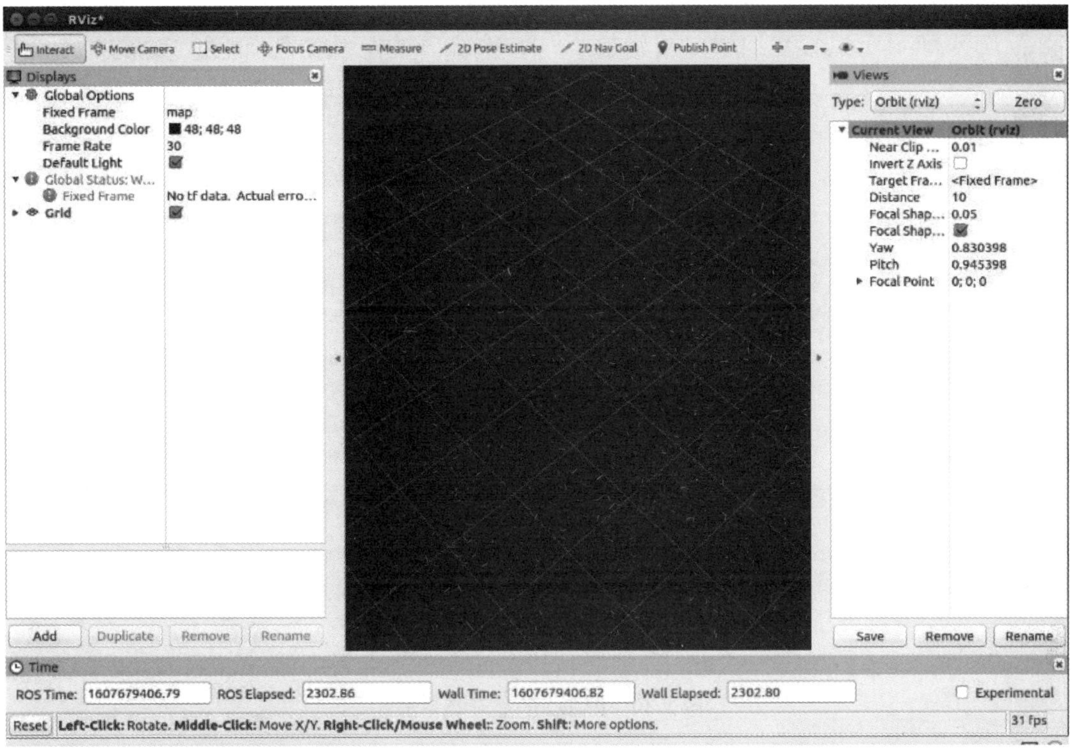

图 1-48　RViz2 界面

RViz2 的初始状态是没有经过任何配置的，我们需要选择一个参考坐标系。在启动 RViz2 后，首先需要配置“全局选项”（Global Options），这个选项中的参数控制着整体的显示设置。其中，“固定框架”（Fixed Frame）是用于确定全局显示区域所依据的参考坐标系。在机器人系统中，存在多个坐标系，它们之间通过静态或动态的转换关系相互关联。选择不同的“固定框架”会影响显示效果，在导航机器人应用中，通常将“固定框架”设置为 map，即以地图坐标系作为全局参考。重要的是，机器人的变换树（tf tree）中必须包含 map 坐标系，否则会显示错误。至于“全局选项”中的其他参数，可以保持默认设置，通常这些已经足够满足基本需求。因为我们所做的案例基本与建图与导航相关，因此在 RViz2 可视化界面左上角 Fixed Frame 一行靠右侧的单元格中选择 map，也就是默认的选项。

图 1-49 包含了 RViz2 的显示类型，中部是显示类型的描述，最后是显示项的名称，这个名称是用户随意起的，但是必须是唯一的。

在机器人导航应用中，我们经常需要利用 RViz2 来观察机器人创建的地图。当机器人将地图数据发布到特定的主题时，如常见的“/map”主题，我们可以通过 RViz2 订阅这个主题来显示地图。操作步骤是：首先，在 RViz2 界面左下角单击 Add 按钮，然后在弹出的对话框中选择“按主题添加”，接着在列出的主题中找到并选择“/map”主题，最后单击“确定”按钮完成订阅。订阅成功后，RViz2 的左侧面板将出现“Map”项，中央显示区将展示地图，使得我们能够直观地查看和分析机器人生成的地图数据，如图 1-50 所示。

类型	描述	消息类型
Axes	显示坐标系	-
Gamera	从相机视角显示图像	sensor_msgs/Image sensor_msgs/CameraInfo
Grid	显示网格	-
Image	显示图像	sensor_msgs/Image
LaserScan	显示激光雷达数据	sensor_msgs/LaserScan
Image	显示图像	sensor_msgs/Image
PointClode2	显示点云数据	sensor_msgs/PointCloud2
Odomerty	显示里程计数据	nav_msgs/Odometry
PointClode2	显示点云数据	sensor_msgs/PointCloud2
RobotModel	显示机器人模型	-
PointClode2	显示TF树	-

图 1-49　RViz2 的显示类型描述

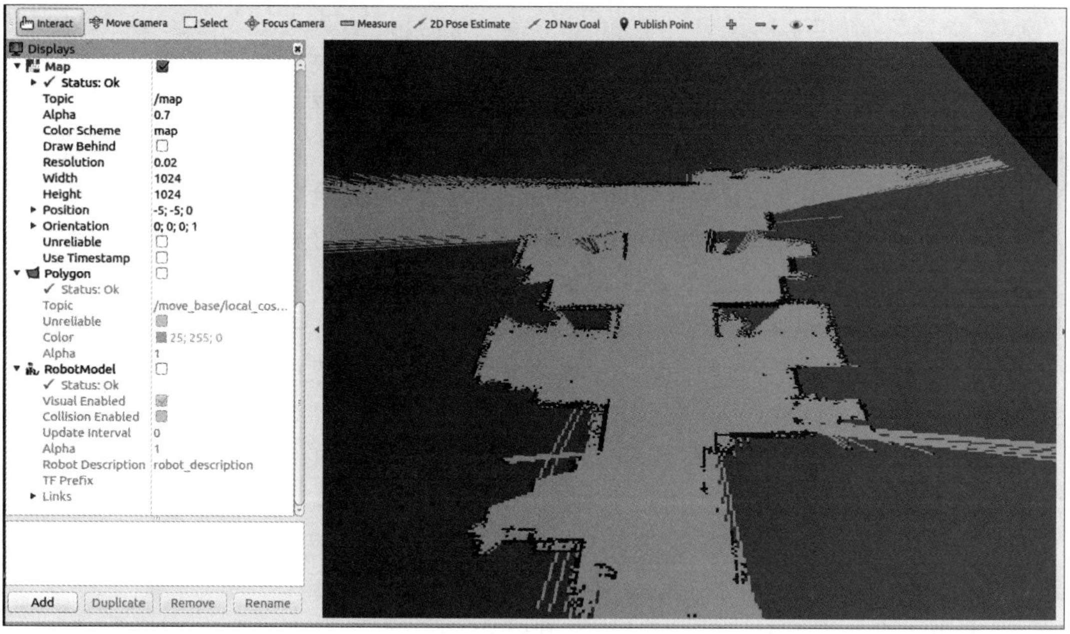

图 1-50　机器人建立的地图

在机器人导航领域，除了查看地图，我们还需要监控机器人在地图中的位置以及各坐标系之间的转换关系是否正确，如图 1-51 所示。这时，我们可以通过 RViz2 来展示 TF（变换）信息。添加 TF 的步骤与添加地图主题类似，只需在 RViz2 中选择添加 TF 类型的主题即可。需要指出的是，添加主题可以通过两种方式进行：一种是按主题类型搜索，另一种是直接按主题名称搜索。之前添加地图主题时，我们是通过主题名称进行搜索的，而添加 TF 主题则是通过主题类型进行搜索的。

图 1-51　机器人在地图中的位置

我们还要为机器人添加模型（见图 1-52），单击 Add 按钮，选中 RobotModel，然后单击 OK 按钮。插件实例将会出现在 RViz2 窗口左侧树状视图中，为了配置这个插件，要确保它在树状视图中被展开。这时插件中的可配置参数就能够被修改了。

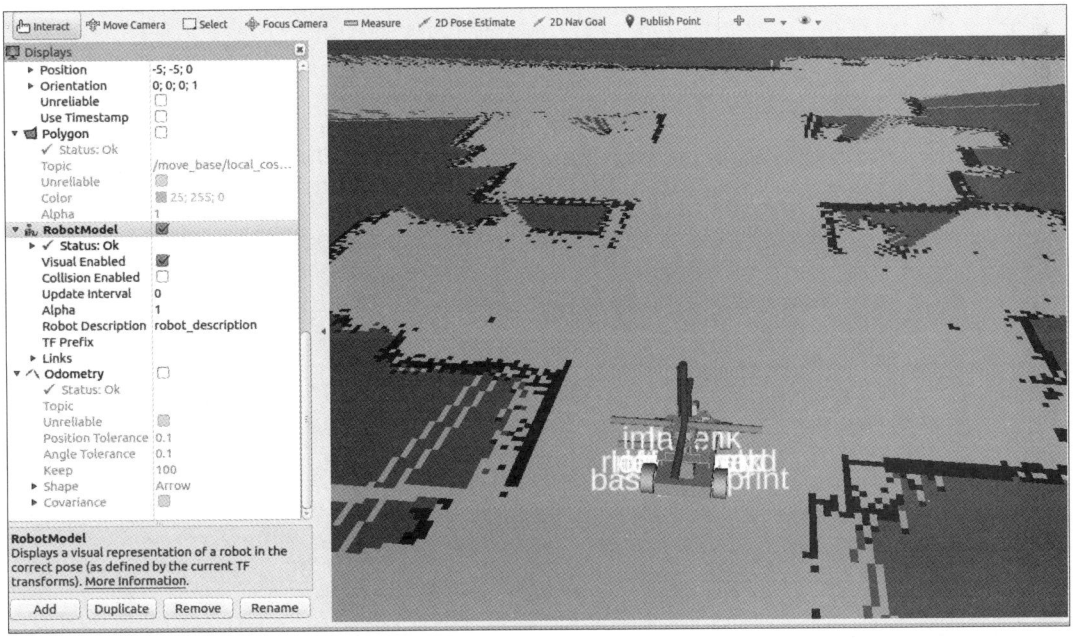

图 1-52　为机器人添加模型

在雷达接收数据时，为了可视化雷达数据，单击 Add 按钮，可以添加 LaserScan，如图 1-53 所示。

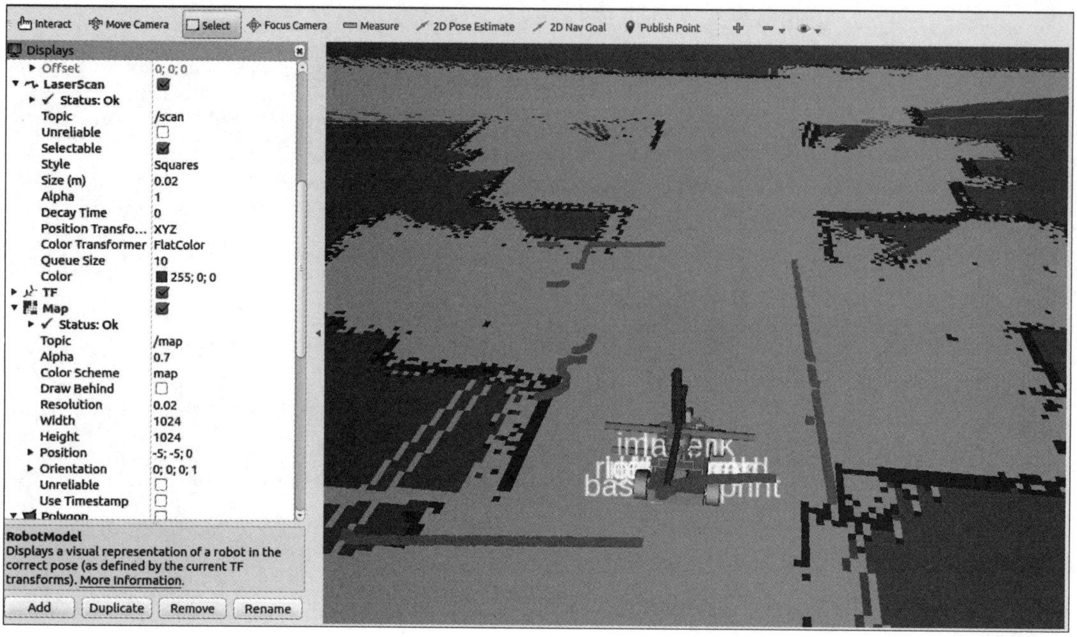

图 1-53　为机器人添加 LaserScan

第 2 章　ROS2 程序编写

学习目标

1. 理解 ROS2 程序。
2. 学会编写简单的发布器和订阅器。

2.1　创建 ROS2 工作区

首先在工作目录下创建一个新目录。例如，以 ros2_ws 为名称，在终端中输入以下命令：

```
mkdir -p ~/ros2_ws/src
cd ~/ros2_ws/src
```

此时工作区包含一个空目录：

```
.
└── src
1 directory，0 files
```

复制一个示例到工作区目录中：

```
git clone https://github.com/ros2/examples src/examples -b foxy
```

现在，工作区中应该具有 ros2 示例的源代码：

```
.
└── src
    └── examples
        ├── CONTRIBUTING.md
        ├── LICENSE
        ├── rclcpp
        ├── rclpy
        └── README.md
4 directories，3 files
```

在构建工作区之前，一般需要解决包依赖关系。正常可能已经拥有所有依赖项，但最佳的做法是在每次构建时检查依赖项。在工作区的根目录~/ros2_ws 下运行以下命令：

```
rosdep install -i –from-path src –rosdistro foxy -u
```

如果已经拥有所有依赖项，控制台将返回以下信息：

```
All required rosdeps installed successfully
```

接下就可以使用 colcon 工具来构建工作区，在控制台的工作区根目录~/ros2_ws 下使用以下命令构建功能包：

```
colcon build
```

控制台将返回以下信息：

```
Starting >>> turtlesim
Finished <<< turtlesim [5.49s]
Summary: 1 package finished [5.58s]
```

构建完成后，进入工作区根目录，可看到 colcon 已创建的新目录：

```
build   install   log   src
```

该目录是工作区的设置文件所在的位置，可以使用这些文件获取叠加层。工具构建完成后可将根目录下 install 文件夹中的 local_setup.bash 文件添加进系统环境变量中，配置方式和/opt/ros2/foxy/setup.bash 一样。

2.2　创建 ROS2 功能包

2.2.1　功能包概述

功能包可以视作 ROS2 代码的容器。如果希望能够安装代码或与他人共享代码，则需要将其组织在一个包中。使用软件包，可以方便发布自己的 ROS2 作品，并允许其他人轻松构建和使用它。

ROS2 中的软件包创建使用 ament 作为其构建系统，并使用 colcon 作为其构建工具。用户可以使用官方支持的 CMake 或 Python 创建包。

2.2.2　ROS2 功能包的组成

ROS2 Python 和 CMake 包中必须包含以下内容。

- package.xml：包含有关包的元信息的文件。
- CMakeLists.txt：描述如何在包中构建代码的文件。

最简单的包具有如下所示的文件结构：

```
my_package/
      CMakeLists.txt
      package.xml
```

在单个工作区中可以包含任意数量的功能包，每个包都位于各自的文件夹中，还可以在一个工作区（CMake、Python 等）中包含不同生成类型的包。最佳的做法是在工作区中拥有一个文件夹，并在其中创建功能包，这样可以保持工作区的顶层“干净”。

一个简单的工作区可能如下所示。

```
workspace_folder/
    src/
      package_1/
          CMakeLists.txt
          package.xml
      package_2/
          setup.py
          package.xml
          resource/package_2
      ...
      package_n/
          CMakeLists.txt
          package.xml
```

2.2.3 创建功能包

首先进入之前创建的工作区，创建 src 文件夹：

```
cd ~/ros2_ws/src
```

在 ROS2 中创建新功能包：

```
ros2 pkg create --build-type ament_cmake <package_name>
```

在终端中输入以下命令：

```
ros2 pkg create --build-type ament_cmake --node-name my_node my_package
```

现在，工作区目录中将有一个名为 my_package 的新文件夹。运行命令后，终端将得到如下返回信息：

```
going to create a new package
package name: my_package
destination directory: /home/user/ros2_ws/src
package format: 3
version: 0.0.0
description: TODO: Package description
maintainer: ['<name> <email>']
licenses: ['TODO: License declaration']
build type: ament_cmake
dependencies: []
node_name: my_node
creating folder ./my_package
creating ./my_package/package.xml
creating source and include folder
creating folder ./my_package/src
creating folder ./my_package/include/my_package
creating ./my_package/CMakeLists.txt
creating ./my_package/src/my_node.cpp
```

功能包创建后，仍需通过 colcon 命令对其进行创建编译。编译完成后将工作区添加至环境变量中，即可通过以下命令启动可执行文件：

```
ros2 run my_package my_node
```

终端将返回如下消息：

```
hello world my_package package
```

2.3 编写一个简单的发布服务器和订阅服务器（C++）

2.3.1 创建包

打开一个新终端，创建目录 ros2_ws/src，通过以下命令创建功能包：

```
ros2 pkg create --build-type ament_cmake cpp_pubsub
```

终端将返回一条消息，验证软件包及其所有必要文件和文件夹的创建。

2.3.2 写入发布节点

通过输入以下命令下载代码：

```
wget -O publisher_member_function.cpp https://raw.githubusercontent.com/ros2/examples/foxy/rclcpp/topics/minimal_publisher/member_function.cpp
```

使用文本编辑器打开文件 publisher_member_function.cpp，代码如下：

```
#include <chrono>
#include <functional>
#include <memory>
#include <string>

#include "rclcpp/rclcpp.hpp"
#include "std_msgs/msg/string.hpp"

using namespace std::chrono_literals;

/* This example creates a subclass of Node and uses std::bind() to register a
* member function as a callback from the timer. */

class MinimalPublisher : public rclcpp::Node
{
  public:
    MinimalPublisher()
    : Node("minimal_publisher"), count_(0)
    {
      publisher_ = this->create_publisher<std_msgs::msg::String>("topic", 10);
```

```
        timer_ = this->create_wall_timer(
        500ms, std::bind(&MinimalPublisher::timer_callback, this));
      }

  private:
      void timer_callback()
      {
        auto message = std_msgs::msg::String();
        message.data = "Hello, world! " + std::to_string(count_++);
        RCLCPP_INFO(this->get_logger(), "Publishing: '%s'", message.data.c_str());
        publisher_->publish(message);
      }
      rclcpp::TimerBase::SharedPtr timer_;
      rclcpp::Publisher<std_msgs::msg::String>::SharedPtr publisher_;
      size_t count_;
};

int main(int argc, char * argv[])
{
  rclcpp::init(argc, argv);
  rclcpp::spin(std::make_shared<MinimalPublisher>());
  rclcpp::shutdown();
  return 0;
}
```


2.3.3 检查代码

代码的顶部包括将使用的标准 C++标头。在这后面，rclcpp/rclcpp.hpp 头文件允许使用 ROS2 中最常见的部分。std_msgs/msg/string.hpp 包括用于发布数据的内置消息类型。代码如下：

```
#include <chrono>
#include <functional>
#include <memory>
#include <string>

#include "rclcpp/rclcpp.hpp"
#include "std_msgs/msg/string.hpp"

using namespace std::chrono_literals;
```

以#include 开头的行包含节点的依赖项，这些依赖项必须添加到 package.xml 和 CMakeLists.txt 中。

下面通过继承 MinimalPublisher 类来创建节点类。

在构造函数内，先设定发布器的参数，包括消息类型、主题名和队列大小。然后，初始化定时器，指定其回调函数和回调周期。代码如下：

```
public:
  MinimalPublisher()
  : Node("minimal_publisher"), count_(0)
  {
    publisher_ = this->create_publisher<std_msgs::msg::String>("topic", 10);
    timer_ = this->create_wall_timer(
    500ms, std::bind(&MinimalPublisher::timer_callback, this));
  }
```

timer_callback()函数主要负责处理消息数据的生成和实际的消息发布工作。RCLCPP_INFO()函数可确保每条已发布的消息打印至控制台。代码如下：

```
private:
  void timer_callback()
  {
    auto message = std_msgs::msg::String();
    message.data = "Hello, world! " + std::to_string(count_++);
    RCLCPP_INFO(this->get_logger(), "Publishing: '%s'", message.data.c_str());
    publisher_->publish(message);
  }
```


最后我们需要声明计时器、发布者以及计数器等相关字段，代码如下：

```
rclcpp::TimerBase::SharedPtr timer_;
rclcpp::Publisher<std_msgs::msg::String>::SharedPtr publisher_;
size_t count_;
```

主函数是节点实际执行的位置。初始化 ROS2，并开始处理来自节点的数据及定时器的回调。代码如下：

```
int main(int argc, char * argv[])
{
  rclcpp::init(argc, argv);
  rclcpp::spin(std::make_shared<MinimalPublisher>());
  rclcpp::shutdown();
  return 0;
}
```

2.3.4 添加依赖项

前往 ros2_ws/src/cpp_pubsub 路径，发现该目录下已自动生成 CMakeLists.txt 和 package.xml 文件。使用文本编辑器打开 package.xml 文件，在 buildtool 依赖项之后添加新行，并粘贴与节点的 include 语句对应的以下依赖项：

```
<depend>rclcpp</depend>
<depend>std_msgs</depend>
```

这声明了包所需要的消息类型和构建代码类型。然后打开 CMakeLists.txt 文件，在现有的依赖项中添加以下行：

```
find_package(rclcpp REQUIRED)
find_package(std_msgs REQUIRED)
```

之后，添加可执行文件，以便可以执行命令运行节点：

```
add_executable(talker src/publisher_member_function.cpp)
ament_target_dependencies(talker rclcpp std_msgs)
```

最后添加下面内容，以便可以找到可执行文件：

```
install(TARGETS
  talker
  DESTINATION lib/${PROJECT_NAME})
```

2.3.5 写入订阅节点

返回到目录 ros2_ws/src/cpp_pubsub/src，在终端中输入以下代码，下载订阅节点代码：

```
wget -O subscriber_member_function.cpp https://raw.githubusercontent.com/ros2/examples/foxy/rclcpp/
topics/minimal_subscriber/member_function.cpp
```

在控制台中输入 ls 返回以下信息：

```
publisher_member_function.cpp    subscriber_member_function.cpp
```

使用文本编辑器打开 subscriber_member_function.cpp 文件，代码如下：

```
#include <memory>

#include "rclcpp/rclcpp.hpp"
#include "std_msgs/msg/string.hpp"
using std::placeholders::_1;

class MinimalSubscriber : public rclcpp::Node
{
  public:
    MinimalSubscriber()
    : Node("minimal_subscriber")
    {
      subscription_ = this->create_subscription<std_msgs::msg::String>(
      "topic", 10, std::bind(&MinimalSubscriber::topic_callback, this, _1));
    }

  private:
    void topic_callback(const std_msgs::msg::String::SharedPtr msg) const
    {
      RCLCPP_INFO(this->get_logger(), "I heard: '%s'", msg->data.c_str());
    }
    rclcpp::Subscription<std_msgs::msg::String>::SharedPtr subscription_;
};
```

```
int main(int argc, char * argv[])
{
  rclcpp::init(argc, argv);
  rclcpp::spin(std::make_shared<MinimalSubscriber>());
  rclcpp::shutdown();
  return 0;
}
```

订阅者节点的代码与发布者节点的代码大体相似。订阅者节点被命名为 minimal_subscriber，构造函数使用该节点的 create_subscription 类来执行回调。订阅者节点没有定时器，因为订阅者只是在将数据发布到主题时才做出响应。代码如下：

```
public:
  MinimalSubscriber()
  : Node("minimal_subscriber")
  {
    subscription_ = this->create_subscription<std_msgs::msg::String>(
    "topic", 10, std::bind(&MinimalSubscriber::topic_callback, this, _1));
  }
```


为了实现通信，发布者和订阅者必须使用相同主题名和消息类型。代码中 topic_callback()函数接收通过主题发布的字符串消息数据，RCLCPP_INFO 函数将其写入控制台。代码如下：

```
private:
  void topic_callback(const std_msgs::msg::String::SharedPtr msg) const
  {
    RCLCPP_INFO(this->get_logger(), "I heard: '%s'", msg->data.c_str());
  }
  rclcpp::Subscription<std_msgs::msg::String>::SharedPtr subscription_;
```

如同发布者功能包，订阅者功能包也需要通过配置 CMakeLists.txt 来指定可执行文件和目标文件，代码如下：

```
add_executable(listener src/subscriber_member_function.cpp)
ament_target_dependencies(listener rclcpp std_msgs)

install(TARGETS
  talker
  listener
  DESTINATION lib/${PROJECT_NAME})
```

功能包全部创建好后，在 ros2_ws 文件夹下使用 colcon 构建工作区，代码如下：

```
colcon build --packages-select cpp_pubsub
```

打开新终端，进入 ros2_ws 文件夹，并获取安装文件：

```
. install/setup.bash
```

运行发布者节点：

```
ros2 run cpp_pubsub talker
```

终端会以每 0.5s 发布一次消息，如下所示。

```
[INFO] [minimal_publisher]: Publishing: "Hello World: 0"
[INFO] [minimal_publisher]: Publishing: "Hello World: 1"
[INFO] [minimal_publisher]: Publishing: "Hello World: 2"
[INFO] [minimal_publisher]: Publishing: "Hello World: 3"
[INFO] [minimal_publisher]: Publishing: "Hello World: 4"
```

打开另一个终端，启动订阅者节点：

```
ros2 run cpp_pubsub listener
```

订阅者节点将开始向控制台打印消息，从发布者节点所接收的任何消息技术开始，如下所示。

```
[INFO] [minimal_subscriber]: I heard: "Hello World: 10"
[INFO] [minimal_subscriber]: I heard: "Hello World: 11"
[INFO] [minimal_subscriber]: I heard: "Hello World: 12"
[INFO] [minimal_subscriber]: I heard: "Hello World: 13"
[INFO] [minimal_subscriber]: I heard: "Hello World: 14"
```


2.4 编写一个简单的发布者和订阅者（Python）

2.4.1 发布者节点

在目录中创建包，运行创建包命令：

```
ros2 pkg create --build-type ament_python py_pubsub
```

导航至 ros2_ws/src/py_pubsub/py_pubsub 目录下，通过输入以下命令下载发布者节点代码：

```
wget https://raw.githubusercontent.com/ros2/examples/foxy/rclpy/topics/minimal_publisher/examples_rclpy_minimal_publisher/publisher_member_function.py
```

下载成功后可以看到 publisher_member_function.py 和__init__.py 两个文件，使用文本编辑器打开 publisher_member_function.py 文件，代码如下：

```
import rclpy
from rclpy.node import Node
from std_msgs.msg import String

class MinimalPublisher(Node):

    def __init__(self):
```

```
        super().__init__('minimal_publisher')
        self.publisher_ = self.create_publisher(String, 'topic', 10)
        timer_period = 0.5  # seconds
        self.timer = self.create_timer(timer_period, self.timer_callback)
        self.i = 0
    def timer_callback(self):
        msg = String()
        msg.data = 'Hello World: %d' % self.i
        self.publisher_.publish(msg)
        self.get_logger().info('Publishing: "%s"' % msg.data)
        self.i += 1

def main(args=None):
    rclpy.init(args=args)
    minimal_publisher = MinimalPublisher()
    rclpy.spin(minimal_publisher)

    # Destroy the node explicitly
    # (optional - otherwise it will be done automatically
    # when the garbage collector destroys the node object)
    minimal_publisher.destroy_node()
    rclpy.shutdown()

if __name__ == '__main__':
    main()
```


其中，前两行代码表示可以使用 rclpy 及 Node 类。第三行代码定义传递数据的消息类型。前三行表示节点的依赖项，必须将依赖项导入 package.xml 文件。

create_publisher 表示声明节点通过 String 类型的数据进行发布，并且队列大小为 10。接下来创建一个计时器，回调每 0.5s 执行一次。代码如下：

```
def __init__(self):
    super().__init__('minimal_publisher')
    self.publisher_ = self.create_publisher(String, 'topic', 10)
    timer_period = 0.5  # seconds
    self.timer = self.create_timer(timer_period, self.timer_callback)
    self.i = 0
```

使用 timer_callback()函数创建附加了计数器值的消息，并使用 get_logger().info()函数将其发布到控制台，代码如下：

```
def timer_callback(self):
    msg = String()
    msg.data = 'Hello World: %d' % self.i
    self.publisher_.publish(msg)
    self.get_logger().info('Publishing: "%s"' % msg.data)
    self.i += 1
```

最后，定义主函数：

```
def main(args=None):
    rclpy.init(args=args)
    minimal_publisher = MinimalPublisher()
    rclpy.spin(minimal_publisher)
    # Destroy the node explicitly
    # (optional - otherwise it will be done automatically
    # when the garbage collector destroys the node object)
    minimal_publisher.destroy_node()
    rclpy.shutdown()
```

程序写完后需要配置程序入口，打开 setup.py 文件，在 entry_points 字段的 console_scripts 括号内添加以下行：

```
entry_points={
        'console_scripts': [
                'talker = py_pubsub.publisher_member_function:main',
        ],
},
```

setup.cfg 文件的内容应该自动正确填充，如下所示。

```
[develop]
script-dir=$base/lib/py_pubsub
[install]
install-scripts=$base/lib/py_pubsub
```

这只是告诉 setuptools 将可执行文件放在 lib 中，因为 ROS2 运行会在那里查找它们。现在可以构建包，获取本地安装文件并运行它，但先创建订阅者节点，这样就可以看到整个系统在工作了。

2.4.2 订阅者节点

返回到 ros2_ws/src/py_subsub/py_subsub 目录以创建下一个节点。在终端中输入以下代码：

```
wget https://raw.githubusercontent.com/ros2/examples/foxy/rclpy/topics/minimal_subscriber/examples_rclpy_minimal_subscriber/subscriber_member_function.py
```

现在目录中应该有以下文件：

```
__init__.py    publisher_member_function.py    subscriber_member_function.py
```

使用文本编辑器打开 subscriber_member_function.py，代码如下：

```
import rclpy
from rclpy.node import Node
from std_msgs.msg import String
class MinimalSubscriber(Node):
```

```
    def __init__(self):
        super().__init__('minimal_subscriber')
        self.subscription = self.create_subscription(
            String,
            'topic',
            self.listener_callback,
            10)
        self.subscription  # prevent unused variable warning
    def listener_callback(self, msg):
        self.get_logger().info('I heard: "%s"' % msg.data)

def main(args=None):
    rclpy.init(args=args)
    minimal_subscriber = MinimalSubscriber()
    rclpy.spin(minimal_subscriber)
    # Destroy the node explicitly
    # (optional - otherwise it will be done automatically
    # when the garbage collector destroys the node object)
    minimal_subscriber.destroy_node()
    rclpy.shutdown()

if __name__ == '__main__':
    main()
```


订阅者节点的代码与发布者的代码几乎相同。构造函数使用与发布者相同的参数创建订阅服务器。发布者和订阅者使用的主题名称和消息类型必须匹配，这样才能进行通信。代码如下：

```
self.subscription = self.create_subscription(
    String,
    'topic',
    self.listener_callback,
    10)
```

订阅者的构造函数和回调不包括任何定时器定义，因为它不需要定时器定义。它的回调在收到消息后立即被调用。

回调定义只是向控制台打印一条消息，以及它接收到的数据，具体来说，当订阅者节点接收到发布者的消息时，它会调用回调函数并在控制台上打印接收到的 msg.data 字段值，如'Hello World:%d'中的自增整数（msg.data='Hello World:%d'%self.i）。代码如下：

```
def listener_callback(self, msg):
    self.get_logger().info('I heard: "%s"' % msg.data)
```

主要定义几乎完全相同，用订阅者取代了发布者的 creation 和 spin。代码如下：

```
minimal_subscriber = MinimalSubscriber()
rclpy.spin(minimal_subscriber)
```

由于此节点与发布服务器具有相同的依赖关系，因此没有什么新内容可添加到 package.xml 中。setup.cfg 文件也可以保持不变。

重新打开 setup.py，并在发布者的入口点下方添加订阅者节点的入口点。entry_points 字段现在应该如下所示。

```
entry_points={
        'console_scripts': [
                'talker = py_pubsub.publisher_member_function:main',
                'listener = py_pubsub.subscriber_member_function:main',
        ],
},
```

请确保保存文件，然后 pub/sub 系统就应该准备好了。

您可能已经安装了 rcpy 和 std_msgs 软件包作为 ROS2 系统的一部分。在构建之前，最好在工作区的根目录（ros2_ws）中运行 rosdep，以检查是否缺少依赖项：

```
rosdep install -i --from-path src --rosdistro foxy -y
```

仍然在工作区的根目录 ros2_ws 中构建新包：

```
colcon build --packages-select py_pubsub
```

打开一个新终端，导航到 ros2_ws，并获取安装文件：

```
source install/setup.bash
```

现在运行发布者节点：

```
ros2 run py_pubsub talker
```

终端应该每 0.5s 开始发布一次消息，如下所示。

```
[INFO] [minimal_publisher]: Publishing: "Hello World: 0"
[INFO] [minimal_publisher]: Publishing: "Hello World: 1"
[INFO] [minimal_publisher]: Publishing: "Hello World: 2"
[INFO] [minimal_publisher]: Publishing: "Hello World: 3"
[INFO] [minimal_publisher]: Publishing: "Hello World: 4"
...
```

打开另一个终端，再次从 ros2_ws 内部获取安装文件，然后启动订阅者节点：

```
ros2 run py_pubsub listener
```

订阅者将开始向控制台打印消息，从发布者当时的消息计数开始，如下所示。

```
[INFO] [minimal_subscriber]: I heard: "Hello World: 10"
[INFO] [minimal_subscriber]: I heard: "Hello World: 11"
[INFO] [minimal_subscriber]: I heard: "Hello World: 12"
[INFO] [minimal_subscriber]: I heard: "Hello World: 13"
[INFO] [minimal_subscriber]: I heard: "Hello World: 14"
```

2.5 编写简单的服务端和客户端（C++）

2.5.1 服务端

当节点使用服务进行通信时，发送数据请求的节点称为客户端节点，响应请求的节点称为服务节点。请求和响应的结构由.srv 文件决定。

这里使用的例子是一个简单的整数加法系统：一个节点请求两个整数的和，另一个节点则以结果进行响应。

导航到 ros2_ws/src 并创建一个新包：

```
ros2 pkg create --build-type ament_cmake cpp_srvcli --dependencies rclcpp example_interfaces
```

终端将返回一条消息，验证包 cpp_srvcli 及其所有必要的文件和文件夹的创建情况。

--dependencies 参数将自动向 package.xml 和 CMakeLists.txt 文件中添加必要的依赖行。example_interfaces 是一个包，包括构建请求和响应所需的.srv 文件：


```
int64 a
int64 b
---
int64 sum
```

其中，前两行是请求的参数，短画线下面是响应。

因为在包创建过程中使用了--dependencies 选项，所以不必手动将依赖项添加到 package.xml 或 CMakeLists.txt 文件中。代码如下：

```
<description>C++ client server tutorial</description>
<maintainer email="you@email.com">Your Name</maintainer>
<license>Apache License 2.0</license>
```

在 ros2_ws/src/cpp_srvcli/src 目录中，创建一个名为 add_two_ints_server.cpp 的新文件，并在其中粘贴以下代码：

```
#include "rclcpp/rclcpp.hpp"
#include "example_interfaces/srv/add_two_ints.hpp"

#include <memory>

void add(const std::shared_ptr<example_interfaces::srv::AddTwoInts::Request> request,
          std::shared_ptr<example_interfaces::srv::AddTwoInts::Response>      response)
{
  response->sum = request->a + request->b;
  RCLCPP_INFO(rclcpp::get_logger("rclcpp"), "Incoming request\na: %ld" " b: %ld",
                request->a, request->b);
  RCLCPP_INFO(rclcpp::get_logger("rclcpp"), "sending back response: [%ld]", (long int)response->
sum);
```

```
}

int main(int argc, char **argv)
{
  rclcpp::init(argc, argv);

  std::shared_ptr<rclcpp::Node> node = rclcpp::Node::make_shared("add_two_ints_server");

  rclcpp::Service<example_interfaces::srv::AddTwoInts>::SharedPtr service =
    node->create_service<example_interfaces::srv::AddTwoInts>("add_two_ints", &add);

  RCLCPP_INFO(rclcpp::get_logger("rclcpp"), "Ready to add two ints.");

  rclcpp::spin(node);
  rclcpp::shutdown();
}
```

上述代码中，前两个#include 语句是包依赖项。add()函数将请求中的两个整数相加，并将总和提供给响应，同时使用日志通知控制台其状态。代码如下：

```
void add(const std::shared_ptr<example_interfaces::srv::AddTwoInts::Request> request,
          std::shared_ptr<example_interfaces::srv::AddTwoInts::Response>          response)
{
    response->sum = request->a + request->b;
    RCLCPP_INFO(rclcpp::get_logger("rclcpp"), "Incoming request\na: %ld" " b: %ld",
                    request->a, request->b);
    RCLCPP_INFO(rclcpp::get_logger("rclcpp"), "sending back response: [%ld]", (long int)response->
sum);
}
```

代码的主要功能是逐行完成以下工作。

初始化 ROS2 C++客户端库：

```
rclcpp::init(argc, argv);
```

创建一个名为 add_two_ints_server 的节点：

```
std::shared_ptr<rclcpp::Node> node = rclcpp::Node::make_shared("add_two_ints_server");
```

为 add_two_ints_server 节点创建一个名为 add_two_ints 的服务，并使用\add 方法在网络上自动播发该服务：

```
rclcpp::Service<example_interfaces::srv::AddTwoInts>::SharedPtr service =
    node->create_service<example_interfaces::srv::AddTwoInts>("add_two_ints", &add);
```

准备好后打印日志消息：

```
RCLCPP_INFO(rclcpp::get_logger("rclcpp"), "Ready to add two ints.");
```

定制节点，使服务可用。

```
rclcpp::spin(node);
```

add_executable 宏生成一个可执行文件，可以使用 ros2 run 运行该可执行文件。将以下代码块添加到 CMakeLists.txt 文件中，以创建一个可执行的命名服务器：

```
add_executable(server src/add_two_ints_server.cpp)
ament_target_dependencies(server rclcpp example_interfaces)
```

因此，ros2 run 可以找到可执行文件，将以下命令添加到文件的末尾，就在 ament_package()之前：

```
install(TARGETS
    server
  DESTINATION lib/${PROJECT_NAME})
```

现在可以构建包，然后获取本地安装文件并运行它，但是需要先创建客户端节点，这样就可以看到整个系统在工作。

2.5.2 客户端

在 ros2_ws/src/cpp_srvcli/src 目录中创建一个名为 add_two_ints_client.cpp 的新文件，并在其中粘贴以下代码：

```
#include "rclcpp/rclcpp.hpp"
#include "example_interfaces/srv/add_two_ints.hpp"

#include <chrono>
#include <cstdlib>
#include <memory>

using namespace std::chrono_literals;

int main(int argc, char **argv)
{
  rclcpp::init(argc, argv);

  if (argc != 3) {
      RCLCPP_INFO(rclcpp::get_logger("rclcpp"), "usage: add_two_ints_client X Y");
      return 1;
  }

  std::shared_ptr<rclcpp::Node> node = rclcpp::Node::make_shared("add_two_ints_client");
  rclcpp::Client<example_interfaces::srv::AddTwoInts>::SharedPtr client =
    node->create_client<example_interfaces::srv::AddTwoInts>("add_two_ints");

  auto request = std::make_shared<example_interfaces::srv::AddTwoInts::Request>();
  request->a = atoll(argv[1]);
  request->b = atoll(argv[2]);
```

```
  while (!client->wait_for_service(1s)) {
    if (!rclcpp::ok()) {
      RCLCPP_ERROR(rclcpp::get_logger("rclcpp"), "Interrupted while waiting for the service.
Exiting.");
      return 0;
    }
    RCLCPP_INFO(rclcpp::get_logger("rclcpp"), "service not available， waiting again...");
  }

  auto result = client->async_send_request(request);
  // Wait for the result.
  if (rclcpp::spin_until_future_complete(node, result) ==
    rclcpp::FutureReturnCode::SUCCESS)
  {
    RCLCPP_INFO(rclcpp::get_logger("rclcpp"), "Sum: %ld", result.get()->sum);
  } else {
    RCLCPP_ERROR(rclcpp::get_logger("rclcpp"), "Failed to call service add_two_ints");
  }

  rclcpp::shutdown();
  return 0;
}
```


与服务节点类似，输入以下代码来创建节点，然后为该节点创建客户端：

```
std::shared_ptr<rclcpp::Node> node = rclcpp::Node::make_shared("add_two_ints_client");
rclcpp::Client<example_interfaces::srv::AddTwoInts>::SharedPtr client =
  node->create_client<example_interfaces::srv::AddTwoInts>("add_two_ints");
```

接下来，创建请求。它的结构是由.srv 文件定义的。

```
auto request = std::make_shared<example_interfaces::srv::AddTwoInts::Request>();
request->a = atoll(argv[1]);
request->b = atoll(argv[2]);
```

while 循环给客户端 1s 的时间来搜索网络中的服务节点。如果找不到，它将继续等待。

```
RCLCPP_INFO(rclcpp::get_logger("rclcpp"), "service not available, waiting again...");
```

如果客户端被取消（例如，通过在终端中按 Ctrl+C 组合键），它将返回一条错误日志消息，说明它被中断了。

```
RCLCPP_ERROR(rclcpp::get_logger("rclcpp"), "Interrupted while waiting for the service. Exiting.");
```

然后客户端发送请求，节点访问，直到收到响应，或者失败。

回到 CMakeLists.txt 文件中，我们需要添加新节点的可执行文件和目标配置。从自动生成的文件中删除一些不必要的样板文件后，CMakeLists.txt 文件如下所示。

```
cmake_minimum_required(VERSION 3.5)
project(cpp_srvcli)
```

```
find_package(ament_cmake REQUIRED)
find_package(rclcpp REQUIRED)
find_package(example_interfaces REQUIRED)

add_executable(server src/add_two_ints_server.cpp)
ament_target_dependencies(server rclcpp example_interfaces)

add_executable(client src/add_two_ints_client.cpp)
ament_target_dependencies(client rclcpp example_interfaces)

install(TARGETS
  server
  client
  DESTINATION lib/${PROJECT_NAME})

ament_package()
```


在构建之前，最好在工作区的根目录（ros2_ws）中运行 rosdep，以检查是否缺少依赖项：

```
rosdep install -i --from-path src --rosdistro foxy -y
```

导航回工作区的根目录 ros2_ws，并构建新的包：

```
colcon build --packages-select cpp_srvcli
```

打开一个新终端，导航到 ros2_ws，并获取安装文件：

```
source install/setup.bash
```

现在运行服务节点：

```
ros2 run cpp_srvcli server
```

终端应返回以下消息，然后等待：

```
[INFO] [rclcpp]: Ready to add two ints.
```

打开另一个终端，再次从 ros2_ws 内部获取安装文件。启动客户端节点，然后是由空格分隔的任意两个整数：

```
ros2 run cpp_srvcli client 2 3
```

例如，如果选择 2 和 3，客户端将收到如下响应：

```
[INFO] [rclcpp]: Sum: 5
```

返回到正在运行服务节点的终端，将看到它在收到请求、收到数据及发回的响应时发布了日志消息：

```
[INFO] [rclcpp]: Incoming request
```

```
a: 2 b: 3
[INFO] [rclcpp]: sending back response: [5]
```

2.6 编写简单的服务端和客户端（Python）

2.6.1 服务端

包应该在 src 目录中创建，而不是在工作区的根目录中创建。导航到 ros2_ws/src 并创建一个新包：

```
ros2 pkg create --build-type ament_python py_srvcli --dependencies rclpy example_interfaces
```

终端将返回一条消息，验证软件包 py_srvcli 及其所有必要的文件和文件夹的创建情况。

--dependencies 参数将自动向 package.xml 和 CMakeLists.txt 文件中添加必要的依赖行。example_interfaces 是一个包，包括构建请求和响应所需的.srv 文件：

```
int64 a
int64 b
---
int64 sum
```

其中，前两行是请求的参数，短画线下面是响应。

因为在包创建过程中使用了--dependencies 选项，所以不必手动将依赖项添加到 package.xml 文件中。

在 ros2_ws/src/py_srvcli/py_srfcli 目录中，创建一个名为 service_member_function.py 的新文件，并在其中粘贴以下代码：

```python
from example_interfaces.srv import AddTwoInts

import rclpy
from rclpy.node import Node


class MinimalService(Node):

    def __init__(self):
        super().__init__('minimal_service')
        self.srv = self.create_service(AddTwoInts, 'add_two_ints', self.add_two_ints_callback)

    def add_two_ints_callback(self, request, response):
        response.sum = request.a + request.b
        self.get_logger().info('Incoming request\na: %d b: %d' % (request.a, request.b))

        return response
```

```
def main(args=None):
    rclpy.init(args=args)

    minimal_service = MinimalService()

    rclpy.spin(minimal_service)

    rclpy.shutdown()


if __name__ == '__main__':
    main()
```

其中，第一个 import 语句从 example_interfaces 包中导入 AddTwoInts 服务类型。下面的 import 语句导入 ROS2 Python 客户端库，特别是 Node 类。

```
from example_interfaces.srv import AddTwoInts

import rclpy
from rclpy.node import Node
```


MinimalService 类构造函数使用 minimal_service 初始化节点，然后创建一个服务并定义类型、名称和回调。

```
def __init__(self):
    super().__init__('minimal_service')
    self.srv = self.create_service(AddTwoInts, 'add_two_ints', self.add_two_ints_callback)
```

服务回调的定义接收请求数据，对其求和，并将和作为响应返回。

```
def add_two_ints_callback(self, request, response):
    response.sum = request.a + request.b
    self.get_logger().info('Incoming request\na: %d b: %d' % (request.a, request.b))

    return response
```

最后，主类初始化 ROS2 Python 客户端库，实例化 MinimalService 类以创建服务节点，并循环节点以处理回调。

要允许 ros2-run 命令运行节点，必须将入口点添加到 setup.py（位于 ros2_ws/src/py_srvcli 目录中）。在“console_scripts”:后面的方括号[]括号之间添加以下代码：

```
'service = py_srvcli.service_member_function:main',
```

2.6.2 客户端

在 ros2_ws/src/py_srvcli/py_srfcli 目录中创建一个名为 client_member_function.py 的新文件，并在其中粘贴以下代码：

```
import sys

from example_interfaces.srv import AddTwoInts
import rclpy
from rclpy.node import Node


class MinimalClientAsync(Node):

    def __init__(self):
        super().__init__('minimal_client_async')
        self.cli = self.create_client(AddTwoInts, 'add_two_ints')
        while not self.cli.wait_for_service(timeout_sec=1.0):
            self.get_logger().info('service not available, waiting again...')
        self.req = AddTwoInts.Request()

    def send_request(self, a, b):
        self.req.a = a
        self.req.b = b
        self.future = self.cli.call_async(self.req)
        rclpy.spin_until_future_complete(self, self.future)
        return self.future.result()


def main(args=None):
    rclpy.init(args=args)

    minimal_client = MinimalClientAsync()
    response = minimal_client.send_request(int(sys.argv[1]), int(sys.argv[2]))
    minimal_client.get_logger().info(
        'Result of add_two_ints: for %d + %d = %d' %
        (int(sys.argv[1]), int(sys.argv[2]), response.sum))

    minimal_client.destroy_node()
    rclpy.shutdown()


if __name__ == '__main__':
    main()
```

客户端唯一不同的导入语句是“import sys”。客户端节点代码使用 sys.argv 来访问请求的命令行输入参数。构造函数定义创建一个与服务节点具有相同类型和名称的客户端。客户端和服务的类型和名称必须匹配才能进行通信。构造函数中的 while 循环每秒检查一次与客户端的类型和名称匹配的服务是否可用。构造函数下面是请求定义，后面是 main。客户端的 main 中唯一显著的区别是 while 循环。只要系统正在运行，循环就会检查将来是否有来自服务的响应。如果服务已经发送了响应，则结果将写入日志消息中。

消息（msg）文件是用来定义 ROS2 中消息类型的文本文件，它们会被用来自动生成多种语言的消息源代码。

与服务节点一样，还必须添加一个入口点才能运行客户端节点。setup.py 文件的 entry_points 字段应该如下所示。

```
entry_points={
    'console_scripts': [
        'service = py_srvcli.service_member_function:main',
        'client = py_srvcli.client_member_function:main',
    ],
},
```

导航回工作区的根目录 ros2_ws，并构建新的包：

```
colcon build --packages-select py_srvcli
```

打开一个新终端，导航到 ros2_ws，并获取安装文件：

```
source install/setup.bash
```


现在运行服务节点：

```
ros2 run py_srvcli service
```

节点将等待客户端的请求。打开另一个终端，并再次从 ros2_ws 内部获取安装文件。启动客户端节点，然后是由空格分隔的任意两个整数：

```
ros2 run py_srvcli client 2 3
```

例如，如果选择 2 和 3，客户端将收到如下响应消息：

```
[INFO] [minimal_client_async]: Result of add_two_ints: for 2 + 3 = 5
```

返回到正在运行服务节点的终端，可看到它在收到请求时发布了日志消息：

```
[INFO] [minimal_service]: Incoming request
a: 2 b: 3
```

2.7 创建自定义消息

2.7.1 写一个简单的发布器

首先，创建一个 script 文件夹用来存放 Python 代码（在 dashgo_ws/src/beginturtle 目录中）：

```
mkdir scripts
cd scripts
```

然后，在目录下创建一个 talker.py 文件，并将下面代码复制到文件中：

```
#! /usr/bin/env python
# license removed for brevity
```

```
import ROS2py
from std_msgs.msg import String

def talker():
        pub=ROS2py.Publisher('chatter', String, queue_size=10)
        ROS2py.init_node('talker', anonymous=True)
        rate=ROS2py.Rate(10) #10Hz
        while not ROS2py.is_shutdown():
              hello_str="hello world %s" % ROS2py.get_time()
              ROS2py.loginfo(hello_str)
              pub.publish(hello_str)
              rate.sleep()

if __name__=='__main__':
        try:
              talker()
        except ROS2py.ROS2InterruptException:
              pass
```


2.7.2 写一个简单的订阅器

在 script 文件夹下创建一个 listener.py 文件，并将下面代码复制到文件中：

```
#! /usr/bin/env python
import ROS2py
from std_msgs.msg import String
def callback(data):
ROS2py.loginfo(ROS2py.get_caller_id()+"I heard %s", data.data)

def listener():
    ROS2py.init_node('listener', anonymous=True)
    ROS2py.Subscriber("chatter", String, callback)
    ROS2py.spin()

if __name__=='__main__':
    listener()
```

接着返回到 catkin_ws 文件夹下，并对其编译：

```
cd ~/catkin_ws
catkin_make
```

编译完成后配置运行环境（每打开一个新的控制台最好都进行一次配置）：

```
cd ~/catkin_ws
source devel/setup.bash
```

然后启动 ROS2core：

```
ROS2core
```

接着打开一个新的控制台启动发布器：

```
ros2 launch beginner_tutorials talker.py
```

此时将看到如下输出信息：

```
[INFO] [WallTime: 1314931831.774057] hello world 1314931831.77
[INFO] [WallTime: 1314931832.775497] hello world 1314931832.77
[INFO] [WallTime: 1314931833.778937] hello world 1314931833.78
[INFO] [WallTime: 1314931834.782059] hello world 1314931834.78
[INFO] [WallTime: 1314931835.784853] hello world 1314931835.78
[INFO] [WallTime: 1314931836.788106] hello world 1314931836.79
```

接着打开一个新的控制台启动订阅器：

```
ros2 launch beginner_tutorials listener.py
```

此时将会看到如下输出信息：

```
[INFO] [WallTime: 1314931969.258941] /listener_17657_1314931968795I heard hello world 1314931969.26
[INFO] [WallTime: 1314931970.262246] /listener_17657_1314931968795I heard hello world 1314931970.26
[INFO] [WallTime: 1314931971.266348] /listener_17657_1314931968795I heard hello world 1314931971.26
[INFO] [WallTime: 1314931972.270429] /listener_17657_1314931968795I heard hello world 1314931972.27
[INFO] [WallTime: 1314931973.274382] /listener_17657_1314931968795I heard hello world 1314931973.27
[INFO] [WallTime: 1314931974.277694] /listener_17657_1314931968795I heard hello world 1314931974.28
[INFO] [WallTime: 1314931975.283708] /listener_17657_1314931968795I heard hello world 1314931975.28
```

第 3 章　ROS2 机器人基本控制

学习目标

1. 掌握 ROS2 机器人的移动控制。
2. 掌握 ROS2 机器人的校正。
3. 学会 ROS2 机器人的 PID 动态调试。

3.1　ROS2 机器人移动控制

移动控制是 ROS2 机器人行进和建图的基础，为了在虚拟机端控制 ROS2 机器人的运行，首先需要获得 ROS2 机器人的网络 IP，前面章节介绍过如何获取 ROS2 机器人网络 IP，在虚拟机端通过 ssh 连接 ROS2 机器人，然后执行“ros2 launch create_base Start.launch”命令启动 ROS2 机器人工作环境，如图 3-1 所示。

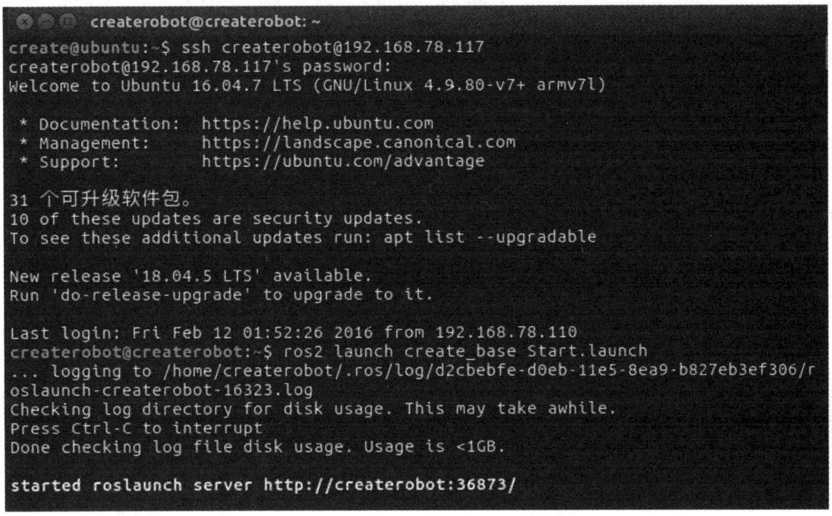
createrobot@createrobot: ~
create@ubuntu:~$ ssh createrobot@192.168.78.117
createrobot@192.168.78.117's password:
Welcome to Ubuntu 16.04.7 LTS (GNU/Linux 4.9.80-v7+ armv7l)
* Documentation: https://help.ubuntu.com
* Management: https://landscape.canonical.com
* Support: https://ubuntu.com/advantage
31 个可升级软件包。
10 of these updates are security updates.
To see these additional updates run: apt list --upgradable
New release '18.04.5 LTS' available.
Run 'do-release-upgrade' to upgrade to it.
Last login: Fri Feb 12 01:52:26 2016 from 192.168.78.110
createrobot@createrobot:~$ ros2 launch create_base Start.launch
... logging to /home/createrobot/.ros/log/d2cbebfe-d0eb-11e5-8ea9-b827eb3ef306/roslaunch-createrobot-16323.log
Checking log directory for disk usage. This may take awhile.
Press Ctrl-C to interrupt
Done checking log file disk usage. Usage is <1GB.
started roslaunch server http://createrobot:36873/

图 3-1　执行“ros2 launch create_base Start.launch”命令

在 ROS2 机器人的工作环境中，启动后要激活底层运动控制代码。这可以通过在新开启的终端中运行“ros2 run teleop_twist_keyboard teleop_twist_keyboard.py”命令来实现，从而进入 ROS2 机器人的键盘控制界面。之后，将机器人放置在平坦的地面上，利用键盘操作来控制 ROS2 机器人的移动。操作界面如图 3-2 所示。

ROS2 机器人键盘基础操作：u 表示向左前方移动、i 表示向前移动、o 表示向右前方移动、j 表示左转、l 表示右转、m 表示左后退、k 表示停止、.表示右后退、，表示后退；q/z 控制速度、w/x 控制线速度、e/c 控制角速度。当然我们也可以使用设置参数的方法来启动机器人运动程序，例如，设置机器人 speed=0.9、turn=0.8，如图 3-3 所示。

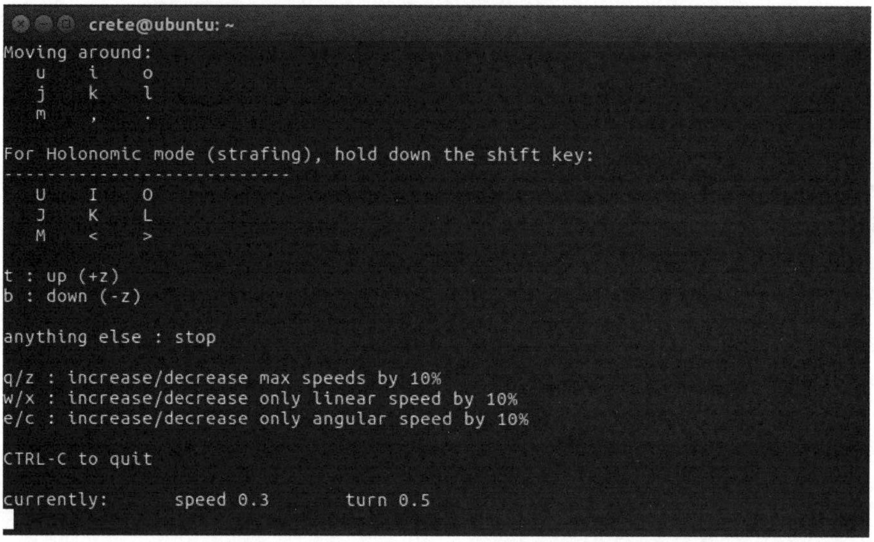
crete@ubuntu: ~
Moving around:
u i o
j k l
m , .
For Holonomic mode (strafing), hold down the shift key:
U I O
J K L
M < >
t : up (+z)
b : down (-z)
anything else : stop
q/z : increase/decrease max speeds by 10%
w/x : increase/decrease only linear speed by 10%
e/c : increase/decrease only angular speed by 10%
CTRL-C to quit
currently: speed 0.3 turn 0.5

图 3-2　ROS2 机器人键盘操作界面

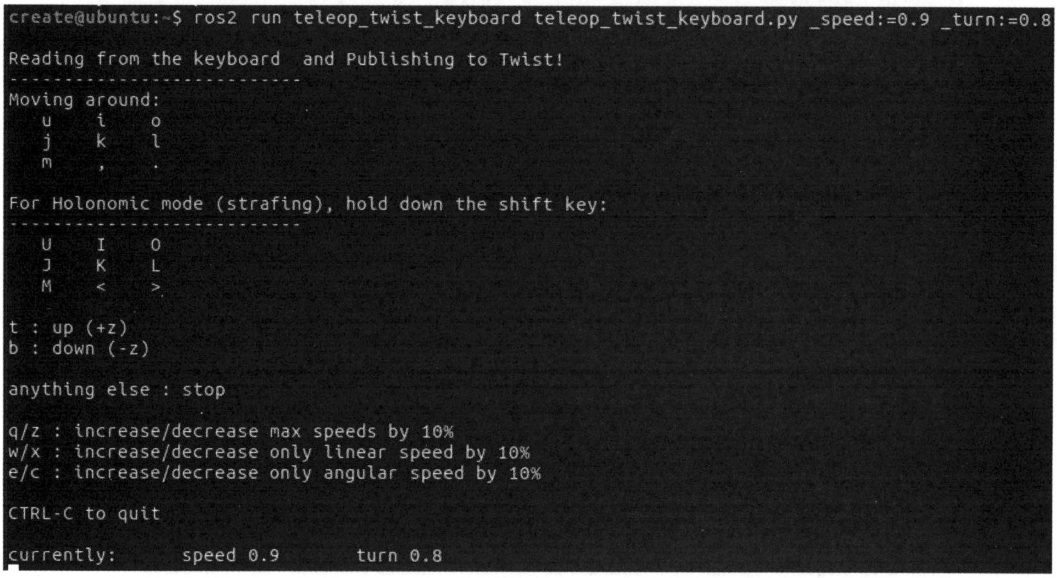
create@ubuntu:~$ ros2 run teleop_twist_keyboard teleop_twist_keyboard.py _speed:=0.9 _turn:=0.8
Reading from the keyboard and Publishing to Twist!
Moving around:
u i o
j k l
m , .
For Holonomic mode (strafing), hold down the shift key:
U I O
J K L
M < >
t : up (+z)
b : down (-z)
anything else : stop
q/z : increase/decrease max speeds by 10%
w/x : increase/decrease only linear speed by 10%
e/c : increase/decrease only angular speed by 10%
CTRL-C to quit
currently: speed 0.9 turn 0.8

图 3-3　启动机器人运动

同样地，可以将 teleop_twist_keyboard 配置为使用 key_timeout 专用参数，如果机器人在配置的时间段内未收到任何按键，则将其停止。例如，要在 0.6s 内未收到按键的情况下停止机器人，执行以下操作：

```
ros2 launch teleop_twist_keyboard teleop_twist_keyboard.py _key_timeout:=0.6
```

如果需要对 cmd_vel 主题进行持续更新，则可以使用 repeat_rate private 参数将 teleop_twist_keyboard 配置为以固定的间隔重复执行最后一个命令。例如，以 10Hz 的频率重复最后一条命令：

```
ros2 launch teleop_twist_keyboard teleop_twist_keyboard.py _repeat_rate:=10.0
```

3.2 ROS2 机器人 IMU 自动校正

IMU，即惯性测量单元，是一种用于测量物体的三维姿态角（或角速度）和加速度的设备。它广泛应用于需要精确运动控制的领域，如汽车和机器人技术。IMU 也用于需要基于姿态信息进行精确位置推算的场合，如潜艇、飞机、导弹和航天器的惯性导航系统。IMU 的核心组件包括陀螺仪和加速度计，它们的精度对整个惯性系统的性能至关重要。在实际应用中，由于外部干扰等因素，陀螺仪和加速度计可能会产生误差，导致导航误差随时间累积，尤其是位置误差，这是惯性导航系统的一个主要缺陷。通常，一个 IMU 包含 3 个单轴加速度计和 3 个单轴陀螺仪，加速度计用于测量物体沿载体坐标系 3 个独立轴的加速度，而陀螺仪则测量物体相对于导航坐标系的角速度，从而实现对物体在三维空间中角速度和加速度的测量，并以此解算出物体的姿态。

IMU 校正的具体操作步骤如下。

（1）把 ROS2 机器人平放在地面上，通过查询到的网络地址，在终端输入“ssh+ROS2 机器人 IP”命令连接 ROS2 机器人，通过“ros2 launch create_base Start.launch”命令开启 ROS2 机器人的工作环境，如图 3-4 所示。

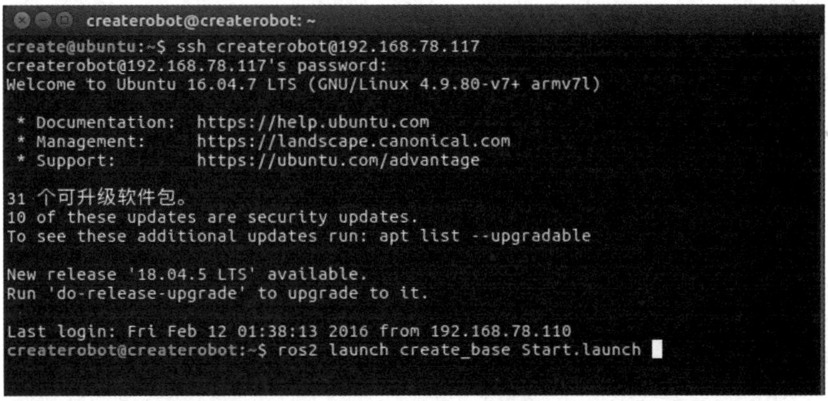
createrobot@createrobot: ~
create@ubuntu:~$ ssh createrobot@192.168.78.117
createrobot@192.168.78.117's password:
Welcome to Ubuntu 16.04.7 LTS (GNU/Linux 4.9.80-v7+ armv7l)
* Documentation: https://help.ubuntu.com
* Management: https://landscape.canonical.com
* Support: https://ubuntu.com/advantage
31 个可升级软件包。
10 of these updates are security updates.
To see these additional updates run: apt list --upgradable
New release '18.04.5 LTS' available.
Run 'do-release-upgrade' to upgrade to it.
Last login: Fri Feb 12 01:38:13 2016 from 192.168.78.110
createrobot@createrobot:~$ ros2 launch create_base Start.launch

图 3-4　执行“ros2 launch create_base Start.launch”命令

（2）进入 ROS2 机器人环境目录下的 imu 路径，执行“vim imu_calib.yaml”命令查看未校正之前的 IMU 参数状态。如果是没有矫正过的 IMU，此时的值全为 0。工作环境开启后打开一个新的终端通过“ssh+ROS2 机器人 IP”运行 create_imu 功能包中的 do_calib 代码。执行自动校正命令“ros2 run create_imu do_calib”，按 Enter 键开始校正，如图 3-5 所示。

直到 IMU 将 X+、Y+、Z+、X-、Y-、Z-全部校正完毕出现 Success 表示已经将校正后的参数写入 imu 文件。此时通过 vim imu_calib.yaml 可以看到有参数出现，如图 3-6 所示。

createrobot@createrobot: ~
create@ubuntu:~$ ssh createrobot@192.168.78.117
createrobot@192.168.78.117's password:
Welcome to Ubuntu 16.04.7 LTS (GNU/Linux 4.9.80-v7+ armv7l)
* Documentation: https://help.ubuntu.com
* Management: https://landscape.canonical.com
* Support: https://ubuntu.com/advantage
31 个可升级软件包。
10 of these updates are security updates.
To see these additional updates run: apt list --upgradable
New release '18.04.5 LTS' available.
Run 'do-release-upgrade' to upgrade to it.
Last login: Fri Feb 12 01:39:14 2016 from 192.168.78.110
createrobot@createrobot:~$ ros2 run create_imu do_calib

(a)

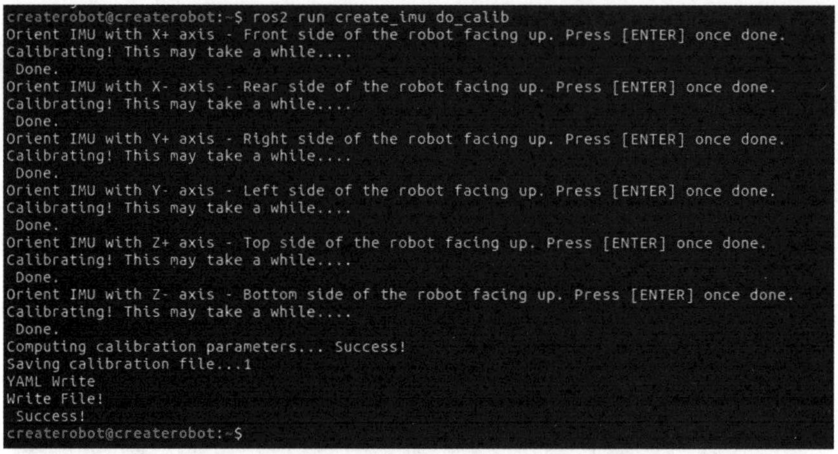
createrobot@createrobot:~$ ros2 run create_imu do_calib
Orient IMU with X+ axis - Front side of the robot facing up. Press [ENTER] once done.
Calibrating! This may take a while....
Done.
Orient IMU with X- axis - Rear side of the robot facing up. Press [ENTER] once done.
Calibrating! This may take a while....
Done.
Orient IMU with Y+ axis - Right side of the robot facing up. Press [ENTER] once done.
Calibrating! This may take a while....
Done.
Orient IMU with Y- axis - Left side of the robot facing up. Press [ENTER] once done.
Calibrating! This may take a while....
Done.
Orient IMU with Z+ axis - Top side of the robot facing up. Press [ENTER] once done.
Calibrating! This may take a while....
Done.
Orient IMU with Z- axis - Bottom side of the robot facing up. Press [ENTER] once done.
Calibrating! This may take a while....
Done.
Computing calibration parameters... Success!
Saving calibration file...1
YAML Write
Write File!
Success!
createrobot@createrobot:~$

(b)

图 3-5　执行“ros2 run create_imu do_calib”命令

create@ubuntu: ~/create_ws/src/create_imu/param/imu
SM:
- 11.630665382 70173
- 9.651787360229246
- 23.42766413833841
- -0.868988682170168
- -13.75588172309453
- -9.668539343427454
- -2.234994867844682
- 1.565704719377192
- 2.905455813725895
bias:
- 220.2322312316626
- -92.80690249736664
- 29.97664290581904
"imu_calib.yaml" [noeol] 14L, 278C

图 3-6　imu 文件界面

（3）IMU 的自动校正是多步骤、按照顺序调用程序依次完成的，我们可以将 IMU 自动校正集成在一个 launch 文件中，只需调用一次 launch 即可完成校正。此代码编写在 create_imu 功能包的 do_calib.launch 文件中。同样地，在虚拟机端需要连接 ROS2 机器人本体网络地址，然后通过“ros2 launch”命令运行 create_imu 功能包中的 do_calib.launch 文件。执行“ros2 launch create_imu do_calib.launch”命令，如图 3-7 所示。

```
/home/createrobot/create_ws/src/create_imu/launch/do_calib.launch http://192.168.78
create@ubuntu:~$ ssh createrobot@192.168.78.117
createrobot@192.168.78.117's password:
Welcome to Ubuntu 16.04.7 LTS (GNU/Linux 4.9.80-v7+ armv7l)

 * Documentation:  https://help.ubuntu.com
 * Management:     https://landscape.canonical.com
 * Support:        https://ubuntu.com/advantage

31 个可升级软件包。
10 of these updates are security updates.
To see these additional updates run: apt list --upgradable

New release '18.04.5 LTS' available.
Run 'do-release-upgrade' to upgrade to it.

Last login: Fri Feb 12 01:40:27 2016 from 192.168.78.110
createrobot@createrobot:~$ ros2 launch create_imu do_calib.launch
... logging to /home/createrobot/.ros/log/7512a08c-d0ed-11e5-8353-b827eb3ef306/r
oslaunch-createrobot-3071.log
Checking log directory for disk usage. This may take awhile.
Press Ctrl-C to interrupt
Done checking log file disk usage. Usage is <1GB.

started ros2 launch server http://createrobot:43217/
```

图 3-7　执行“ros2 launch create_imu do_calib.launch”命令

同样地，在 IMU 完成自动校正后，可以通过“vim imu_calib.yaml”命令查看校正结果，如图 3-8 所示。

```
Calibrating! This may take a while....
 Done.
Orient IMU with X- axis - Rear side of the robot facing up. Press [ENTER] once done.
Calibrating! This may take a while....
 Done.
Orient IMU with Y+ axis - Right side of the robot facing up. Press [ENTER] once done.
Calibrating! This may take a while....
 Done.
Orient IMU with Y- axis - Left side of the robot facing up. Press [ENTER] once done.
Calibrating! This may take a while....
 Done.
Orient IMU with Z+ axis - Top side of the robot facing up. Press [ENTER] once done.
Calibrating! This may take a while....
 Done.
Orient IMU with Z- axis - Bottom side of the robot facing up. Press [ENTER] once done.
Calibrating! This may take a while....
 Done.
Computing calibration parameters... Success!
Saving calibration file...1
YAML Write
Write File!
 Success!
```

（a）

图 3-8　校正结果

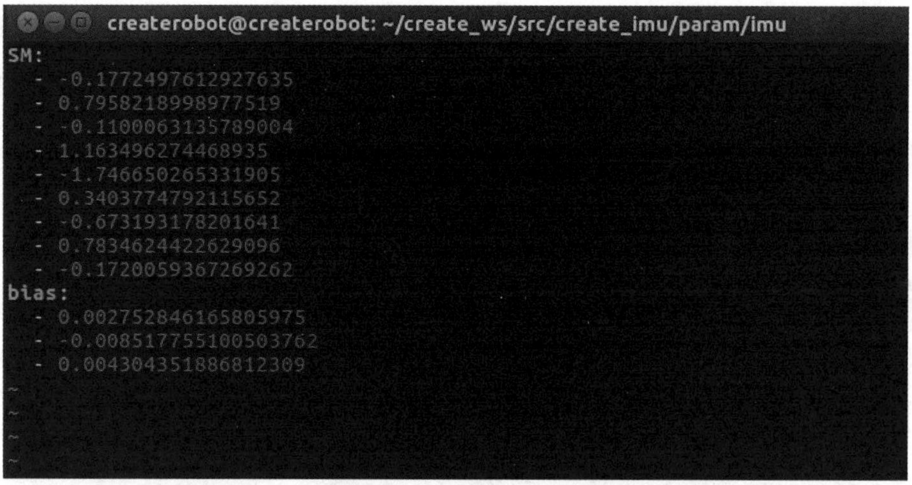

（b）

图 3-8　校正结果（续）

3.3　ROS2 机器人角速度及线速度校正

3.3.1　角速度校正

角速度是指单位时间内旋转的弧度数，其单位是弧度/秒（rad/s）。这个概念用来描述物体旋转的速率和方向。瞬时角速度，也称为即时角速度，是指物体角位移随时间变化的速率，单位同样是弧度/秒。

在匀速圆周运动的情况下，角速度（用 ω 表示）是一个常数，可以通过物体与圆心连线转过的角位移（$\Delta\theta$）除以对应的时间间隔（Δt）来计算，即 $\omega = \Delta\theta/\Delta t$，如图 3-9 所示。

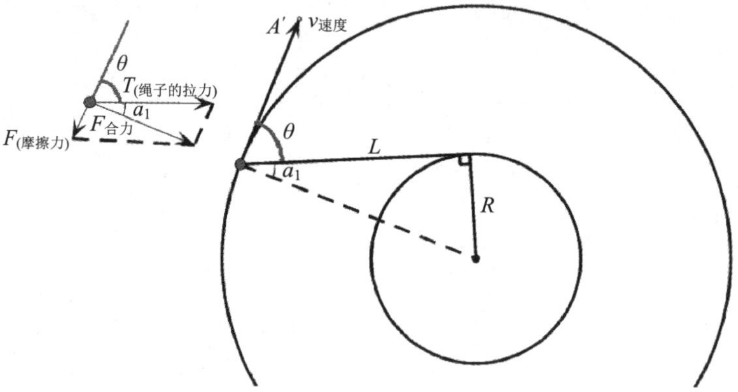

图 3-9　匀速圆周运动示意图

ROS2 机器人依赖 IMU 来测定角速度，因此在进行角速度计算之前，必须确保 IMU 已经过正确的校准，否则所得数据将不准确。角速度校正的具体操作步骤如下。

（1）将 ROS2 机器人放置在平滑的地面上，打开终端，通过“ssh+ROS2 机器人 IP”

命令连接 ROS2 机器人，执行“ros2 launch create_base Start.launch”命令开启 ROS2 机器人工作环境，如图 3-10 所示。

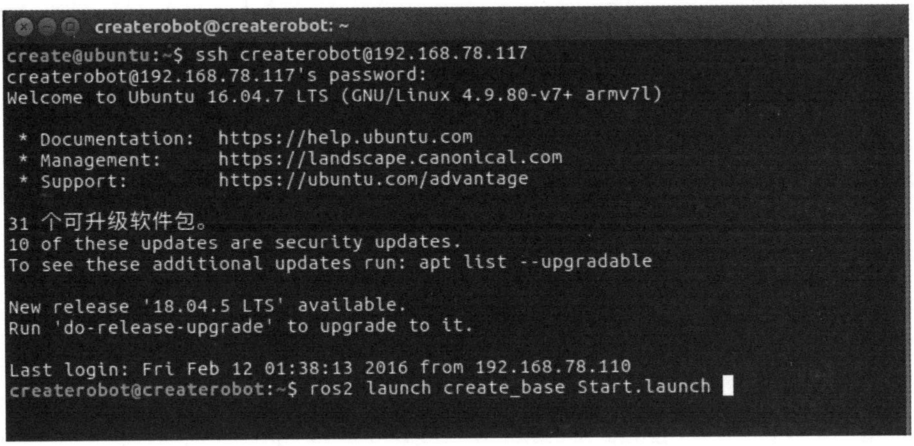

图 3-10　执行“ros2 launch create_base Start.launch”命令

（2）打开新的终端执行 calibrate_angular.py 代码启动校正角速度节点命令“ros2 run create_calibration calibrate_angular.py”，会得到一条命令“Bring up rqt_reconfigure to control the test”提示运行 rqt_reconfigure 命令，如图 3-11 所示。

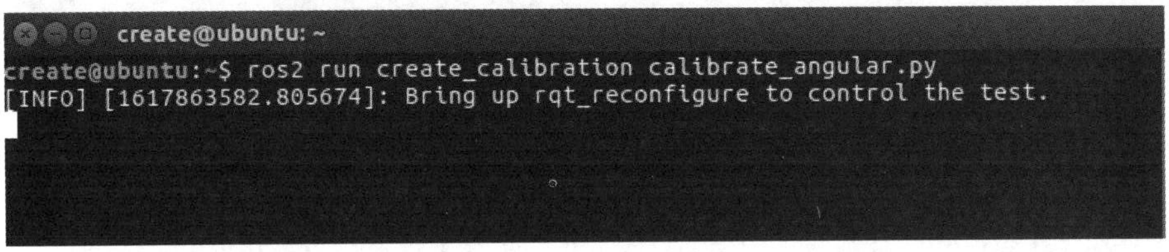

图 3-11　执行“ros2 run create_calibration calibrate_angular.py”命令

（3）根据指示，在新开启的终端中运行“ros2 launch rqt_reconfigure rqt_reconfigure”命令以启动 rqt_reconfigure 界面。在界面中，选择 calibrate_angular 选项进行角速度的校正，操作流程如图 3-12 所示。

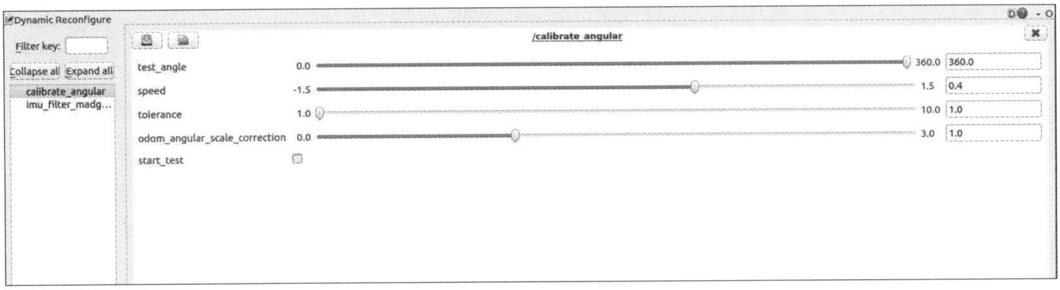

图 3-12　选择 calibrate_angular 选项

由 rqt 界面可看到相关参数初始化设置，下面进行校正。

一种精确的校正方法是使用安装有指南针应用的智能手机，将其平放于机器人上方，记录初始的指南针读数，例如 50 度。然后启动测试（start_test），观察机器人转动后停下时的指南针读数。根据读数判断机器人是否完成了一整圈以上的旋转。

情况一：如果机器人停止后的读数是 60 度，意味着机器人实际旋转了 370 度（因为 60 度比初始的 50 度要大，说明超过了一整圈）。此时，角速度的比例系数（angular_scale）计算为 370 度除以 360 度，得到 1.028。

情况二：如果机器人停止后的读数是 40 度，意味着机器人实际旋转了 350 度（因为 40 度比初始的 50 度要小，说明未满一圈）。此时，角速度的比例系数（angular_scale）计算为 350 度除以 360 度，得到 0.972。

（4）完成上述步骤后，将计算出的比例系数填入 odom_angular_scale_correction 参数中，并再次单击 start_test 进行测试，以确定最终的校正比例系数。通过反复测试，可以获得更为精确的校正结果。

得到最终校正系数后，加载到启动软件中，在主控端进入 launch 路径，执行“vim Start.launch”命令，修改 angular_scale 参数完成校正，如图 3-13 所示。


```
create@ubuntu: ~/create_ws/src/create_base/launch
create@ubuntu:~$ roscd create_base/
create@ubuntu:~/create_ws/src/create_base$ ls
CMakeLists.txt  include  launch  node  package.xml  param  src
create@ubuntu:~/create_ws/src/create_base$ cd launch/
create@ubuntu:~/create_ws/src/create_base/launch$ ls
Start.launch  yocs_velocity_smoother.yaml
create@ubuntu:~/create_ws/src/create_base/launch$ vim Start.launch
create@ubuntu:~/create_ws/src/create_base/launch$
```

（a）执行“vim Start.launch”命令

```
    <!-- Filter and fuse raw imu data -->
    <node pkg="imu_filter_madgwick" type="imu_filter_node" name="imu_filter_madg
wick" output="screen" respawn="false" >
        <param name="fixed_frame" value="base_footprint" />
        <param name="use_mag" value="fasle" />
        <param name="publish_tf" value="false" />
        <param name="use_magnetic_field_msg" value="fasle" />
        <param name="world_frame" value="enu" />
        <param name="orientation_stddev" value="0.05" />
        <param name="angular_scale" value="1.195" />
    </node>
```

（b）修改 angular_scale 参数

图 3-13　修改 angular_scale 参数完成校正

3.3.2　线速度校正

线速度是指质点做曲线运动时所具有的即时速度。它的方向沿运动轨道的切线方向，故又称为切向速度。它是描述物体沿曲线路径运动的速度和方向的物理量。在曲线运动中，物体上任意点的瞬时速度方向都沿着该点运动轨迹的切线方向。

对于匀速圆周运动，线速度的大小可以通过物体在一定时间内通过的弧长（ΔL）与其所需时间（Δt）的比值来确定，即 $v=\Delta L/\Delta t$，尽管线速度的大小保持不变，但其方向随着物体的运动而不断变化。线速度与角速度之间的关系可以用公式 $v=\omega * r$ 来表示，其中，v 是线速度，ω 是角速度，r 是圆周路径的半径。线速度的单位是米/秒（m/s）。线速度校正的具体操作步骤如下。

（1）将机器人放置在平坦的地面上，使用卷尺作为测量工具，选择机器人的车头或车尾作为起始点进行测量，在虚拟机上打开一个终端通过“ssh+机器人 IP”命令进行连接，然后执行“ros2 launch create_base Start.launch”命令开启机器人工作环境，如图 3-14 所示。

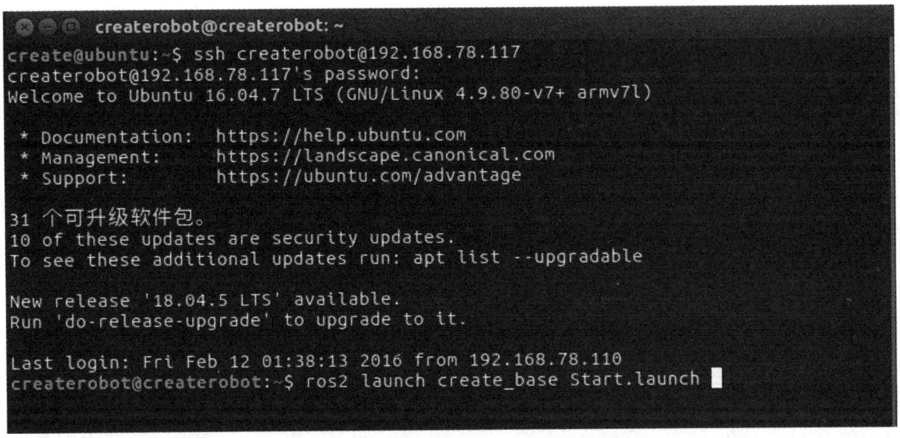

图 3-14　执行“ros2 launch create_base Start.launch”命令

（2）打开新的终端执行 calibrate_linear.py 文件，执行校正线速度节点命令“ros2 run create_calibrate calibrate_linear.py”，根据提示，执行 rqt_reconfigure 命令以启动配置界面，如图 3-15 所示。

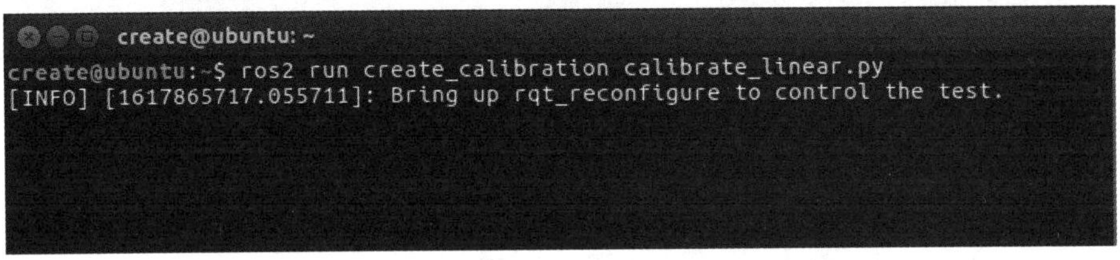

图 3-15　执行“ros2 run create_calibrate calibrate_linear.py”命令

（3）打开新的终端执行“ros2 launch rqt_reconfigure rqt_reconfigure”命令，在弹出窗口中选择 calibrate_linear 选项，可以看到许多线速度测试的参数，如图 3-16 所示。单击 start_test 按钮，启动第一次行走测试，让机器人行走一段距离，然后用卷尺实际测量机器人行走的距离。假如机器人走了 1.1 米，那么线速度的比例系数 linear_scale = 1.1/1=1.1。

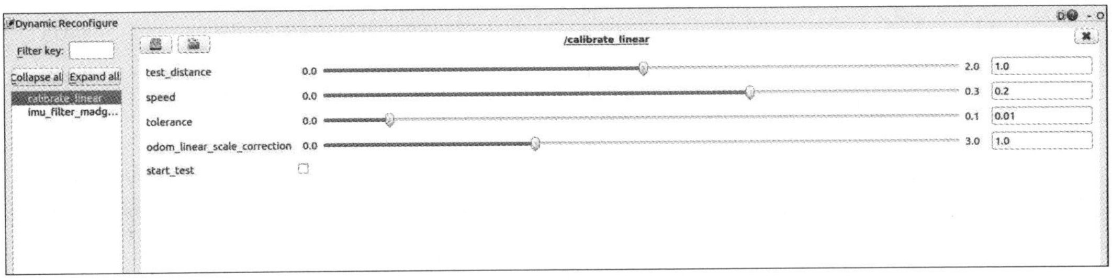

图 3-16　选择 calibrate_linear 选项

将计算的比例系数填入 odom_linear_scale_correction 参数中，再次单击 start_test 按钮进行反复测试，得到最终校正的比例系数。

（4）得到最终校正系数后，加载到启动软件中，在主控端进入 launch 路径，执行“vim bringup.launch”命令，修改 calibrate_linear 参数完成校正，如图 3-17 所示。

```
create@ubuntu: ~/create_ws/src/create_base/launch
create@ubuntu:~$ roscd create_base/
create@ubuntu:~/create_ws/src/create_base$ ls
CMakeLists.txt  include  launch  node  package.xml  param  src
create@ubuntu:~/create_ws/src/create_base$ cd launch/
create@ubuntu:~/create_ws/src/create_base/launch$ ls
Start.launch  yocs_velocity_smoother.yaml
create@ubuntu:~/create_ws/src/create_base/launch$ vim bringup.launch
create@ubuntu:~/create_ws/src/create_base/launch$
```

（a）执行“vim bringup.launch”命令

```
<!-- Filter and fuse raw imu data -->
<node pkg="imu_filter_madgwick" type="imu_filter_node" name="imu_filter_madgwick" outpu
    <param name="fixed_frame" value="base_footprint" />
    <param name="use_mag" value="fasle" />
    <param name="publish_tf" value="false" />
    <param name="use_magnetic_field_msg" value="fasle" />
    <param name="world_frame" value="enu" />
    <param name="orientation_stddev" value="0.05" />
    <param name="angular_scale" value="1.195" />
</node>

<!--Publish createbot odometry -->
<node pkg="create_base" name="create_base_node" type="create_base.py" output="screen">
    <param name="linear_scale" type="double" value="1.0"/>
</node>
```

（b）修改 calibrate_linear 参数

图 3-17　修改 calibrate_linear 参数完成校正

3.4　ROS2 机器人 PID 动态调试

在工程实践中，PID 控制是最常用的调节器控制方法，它代表比例（Proportional）、积分（Integral）、微分（Derivative）控制。PID 是一个涉及数学和物理的术语，通常由 8 位端口优先级和端口号构成，端口号位于低 8 位，默认端口号的优先级为 128。PID 控制器通过计算系统的误差，并结合比例、积分、微分 3 个环节，来确定控制信号，实现对系统的精确控制。例如，机器人在前进过程中由于摩擦或阻力发生偏移，通过 PID 调节可以跨过这些障碍。另外，由于电机之间工艺差别，为了达到同步，需要通过 PID 调节达到闭环控制，达到平衡。PID 动态调试的具体操作步骤如下。

（1）把机器人架空，平放在地面上，注意有轮子一定要悬空，通过“ssh+机器人 IP”连接 ROS2 机器人，打开终端，执行“ros2 launch create_base Start.launch”命令开启机器人工作环境，如图 3-18 所示。

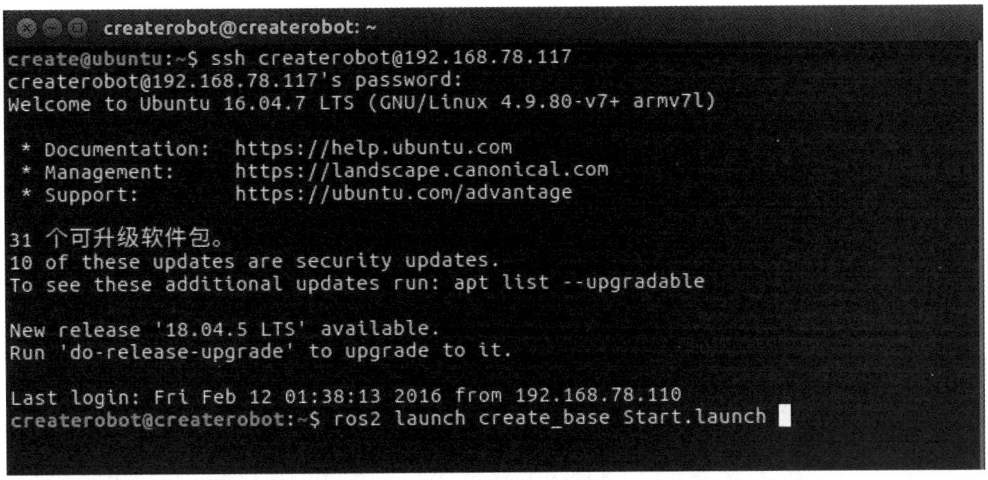
createrobot@createrobot: ~
create@ubuntu:~$ ssh createrobot@192.168.78.117
createrobot@192.168.78.117's password:
Welcome to Ubuntu 16.04.7 LTS (GNU/Linux 4.9.80-v7+ armv7l)
* Documentation: https://help.ubuntu.com
* Management: https://landscape.canonical.com
* Support: https://ubuntu.com/advantage
31 个可升级软件包。
10 of these updates are security updates.
To see these additional updates run: apt list --upgradable
New release '18.04.5 LTS' available.
Run 'do-release-upgrade' to upgrade to it.
Last login: Fri Feb 12 01:38:13 2016 from 192.168.78.110
createrobot@createrobot:~$ ros2 launch create_base Start.launch

图 3-18　执行“ros2 launch create_base Start.launch”命令

（2）打开另一个终端，执行“ros2 run create_pid pid_configure”命令，如图 3-19 所示。

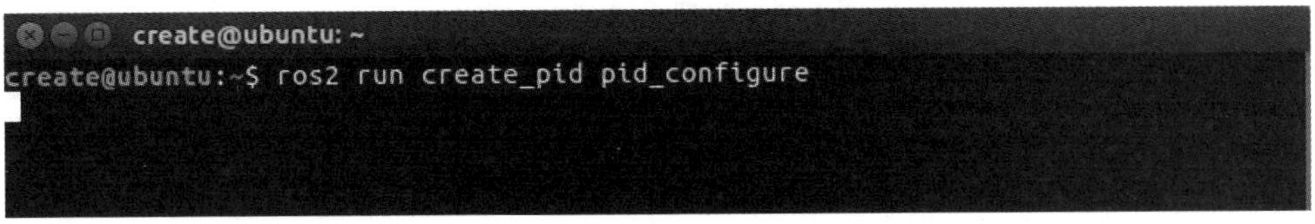
create@ubuntu: ~
create@ubuntu:~$ ros2 run create_pid pid_configure

图 3-19　执行“ros2 run create_pid pid_configure”命令

（3）开启一个新的终端窗口，然后在命令行中输入“ros2 launch rqt_reconfigure rqt_reconfigure”来启动 rqt_reconfigure 工具。在打开的界面中，单击左侧的 pid_configure 选项进行配置。此时，右边有 3 个值，即 0.1、0.2、0.2，分别对应 p、i、d 这 3 个参数的值，这 3 个值是机器人配套使用的电机已经调试好的 pid 值。如果更换过电机，就要适配合适的 p、i、d 参数，才能达到比较好的控制电机的效果，调试好的值写在底层驱动板固件里面，上层就是通过此方法快速调试到电机合适的 pid 参数。以 0.1 为单位可以增加或者减少 pid 3 个参数的值，如图 3-20 所示。

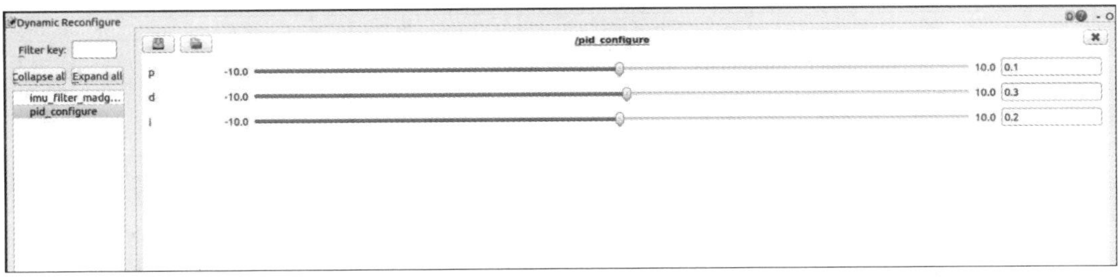
Dynamic Reconfigure
Filter key:
Collapse all
Expand all
imu_filter_madg...
pid_configure
/pid_configure
p
d
i
-10.0
10.0
0.1
0.3
0.2

图 3-20　调整 pid 参数

（4）在虚拟机端打开一个新的终端，执行“ros2 launch teleop_twist_keyboard teleop_twist_keyboard.py”命令进入机器人键盘操控界面，如图 3-21 所示。

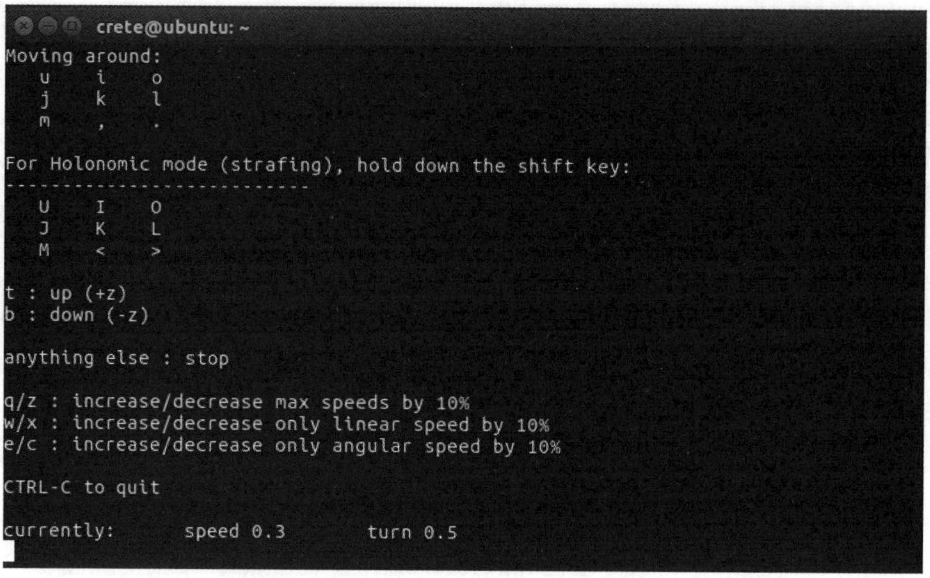
crete@ubuntu: ~
Moving around:
u i o
j k l
m , .
For Holonomic mode (strafing), hold down the shift key:

U I O
J K L
M < >
t : up (+z)
b : down (-z)
anything else : stop
q/z : increase/decrease max speeds by 10%
w/x : increase/decrease only linear speed by 10%
e/c : increase/decrease only angular speed by 10%
CTRL-C to quit
currently: speed 0.3 turn 0.5

图 3-21　机器人键盘操控界面

通过键盘控制机器人运行，调节 PID 的系数，一步步调试，直到找到合适的 pid 参数（参考指标是能让电机缓起缓停，转动平顺）。

第 4 章　ROS2 机器人视觉

学习目标

1. 掌握 ROS2 机器人的图形处理。
2. 学会 ROS2 机器人的视觉识别。

OpenCV 是一个跨平台的计算机视觉和机器学习库，遵循 BSD 许可（开源），支持 Linux、Windows、Android 和 macOS 等多种操作系统。它体积小巧且性能出色，主要由 C 语言函数和一些 C++类组成，并提供了 Python、Ruby、MATLAB 等语言的绑定，实现了许多图像处理和计算机视觉领域的通用算法。在 ROS2 与 OpenCV 的集成中，通常使用 cv_bridge 模块来完成数据转换。图像（视频流）的获取可以采用 ROS2 的接口，也可以直接使用 OpenCV 的读取功能，方便了和 ROS2 其他包的扩展，也就不用考虑程序结构的实现了。

opencv_apps 提供了各种节点，这些节点在内部运行 OpenCV 的功能，并将结果发布为 ROS2 主题。使用 opencv_apps，只需运行一个与所需 OpenCV 功能相对应的启动文件，就可以跳过编写 OpenCV 应用程序代码的许多功能。

4.1　ROS2 机器人 opencv_apps 图形处理

4.1.1　边缘检测

边缘检测是图像处理和计算机视觉领域的一个核心任务，其核心目标是识别数字图像中亮度变化显著的区域。这些亮度的显著变化往往对应着图像属性的重要转变，如深度的突变、表面方向的改变、物质属性的差异以及场景照明的波动。边缘检测在图像处理和计算机视觉方面，尤其是特征提取中占据着重要位置。例如，红色区域与黄色区域之间的分界线，或者在均匀背景上少数不同颜色点构成的边界线，都被视为边缘。在许多图像处理应用中，边缘信息扮演着至关重要的角色。

在 ROS2 机器人中进行边缘检测的具体操作步骤如下。

（1）首先把 ROS2 机器人平放在地面上，通过虚拟机终端输入“ssh+ROS2 机器人 IP”连接 ROS2 机器人，然后执行“ros2 launch create_line_follower camera.launch”命令开启 ROS2 机器人摄像头，执行 rqt_image_view 命令验证是否有效开启摄像头，如图 4-1 所示。

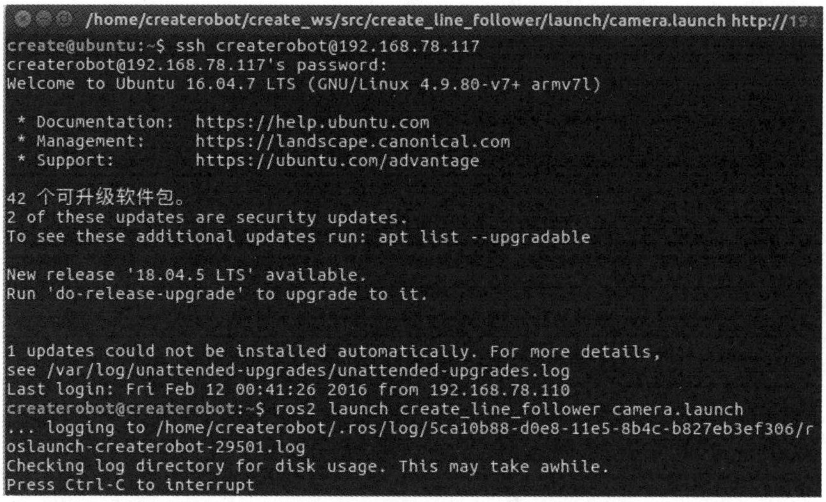
/home/createrobot/create_ws/src/create_line_follower/launch/camera.launch http://19
create@ubuntu:~$ ssh createrobot@192.168.78.117
createrobot@192.168.78.117's password:
Welcome to Ubuntu 16.04.7 LTS (GNU/Linux 4.9.80-v7+ armv7l)
* Documentation: https://help.ubuntu.com
* Management: https://landscape.canonical.com
* Support: https://ubuntu.com/advantage
42 个可升级软件包。
2 of these updates are security updates.
To see these additional updates run: apt list --upgradable
New release '18.04.5 LTS' available.
Run 'do-release-upgrade' to upgrade to it.
1 updates could not be installed automatically. For more details,
see /var/log/unattended-upgrades/unattended-upgrades.log
Last login: Fri Feb 12 00:41:26 2016 from 192.168.78.110
createrobot@createrobot:~$ ros2 launch create_line_follower camera.launch
... logging to /home/createrobot/.ros/log/5ca10b88-d0e8-11e5-8b4c-b827eb3ef306/r
oslaunch-createrobot-29501.log
Checking log directory for disk usage. This may take awhile.
Press Ctrl-C to interrupt

（a）执行“ros2 launch create_line_follower camera.launch”命令

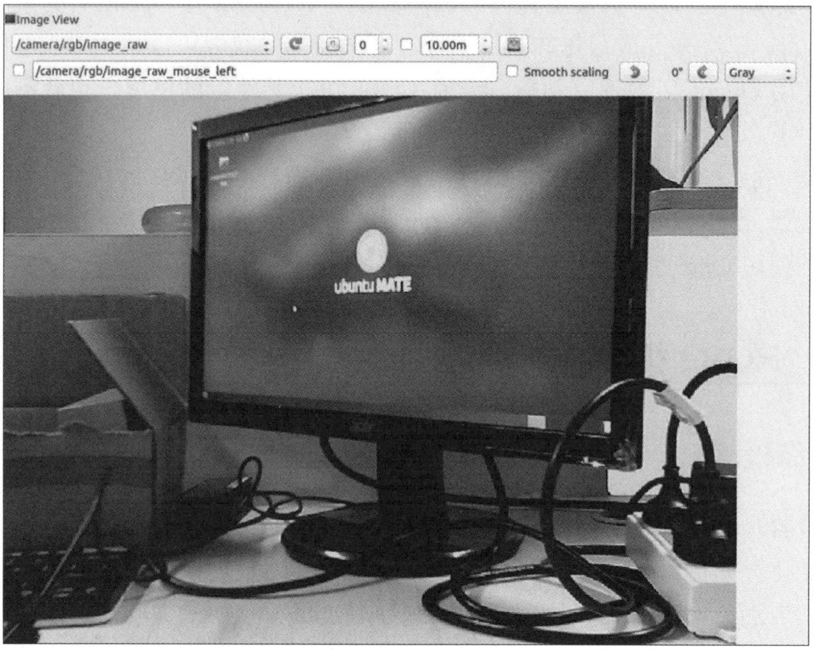
Image View
/camera/rgb/image_raw
0
10.00m
/camera/rgb/image_raw_mouse_left
Smooth scaling
0°
Gray
ubuntu MATE

（b）摄像头拍摄的照片

图 4-1　执行 rqt_image_view 命令验证是否有效开启摄像头

（2）利用 Sobel 算子吐槽边缘检测。Sobel 算子是图像处理中用于边缘检测的一种常用技术。它通过计算图像中每个像素点的上下左右邻域灰度值的加权差异来识别边缘，因为边缘处的灰度变化通常较为显著。Sobel 算子在检测边缘的同时，还能在一定程度上减少噪声的影响。然而，这种方法可能会产生较粗的边缘结果，并有可能导致伪边缘的出现。尽管如此，Sobel 算子因其良好的检测效果而被广泛应用于图像处理领域。确认设备已开启摄像头后虚拟机打开新的终端，执行“ros2 launch opencv_apps edge_detection.launch”命令，如图 4-2 所示。

```
create@ubuntu:~$ ros2 launch opencv_apps edge_detection.launch
... logging to /home/create/.ros/log/e6726e28-d0e9-11e5-8b4c-b827eb3ef306/roslaunch-ubuntu-5272.log
Checking log directory for disk usage. This may take awhile.
Press Ctrl-C to interrupt
Done checking log file disk usage. Usage is <1GB.

started roslaunch server http://192.168.78.110:40333/

SUMMARY
========

PARAMETERS
 * /edge_detection/L2gradient: False
 * /edge_detection/apertureSize: 3
 * /edge_detection/apply_blur_post: False
 * /edge_detection/apply_blur_pre: True
 * /edge_detection/canny_threshold1: 100
 * /edge_detection/canny_threshold2: 200
 * /edge_detection/debug_view: True
 * /edge_detection/edge_type: 0
 * /edge_detection/postBlurSigma: 3.2
 * /edge_detection/postBlurSize: 13
 * /edge_detection/queue_size: 3
 * /edge_detection/use_camera_info: False
 * /rosdistro: kinetic
 * /rosversion: 1.12.17

NODES
  /
    edge_detection (opencv_apps/edge_detection)

ROS_MASTER_URI=http://192.168.78.117:11311

process[edge_detection-1]: started with pid [5281]
^C[edge_detection-1] killing on exit
QObject::~QObject: Timers cannot be stopped from another thread
shutting down processing monitor...
... shutting down processing monitor complete
done
```

图 4-2　执行“ros2 launch opencv_apps edge_detection.launch”命令

利用 Sobel 算子进行边缘提取效果如图 4-3 所示。

图 4-3　利用 Sobel 算子进行边缘提取效果图

（3）利用拉普拉斯算子（Laplace Operator）进行边缘检测。拉普拉斯算子是一种在工程数学中广泛使用的积分变换工具，也是空间锐化滤波操作的一种形式。作为 *n* 维欧几里得空间内的二阶微分算子，拉普拉斯算子在图像处理领域，尤其是在边缘检测方面，展现出了强大的定位能力和图像锐化效果。相较于一阶微分算子，拉普拉斯算子的二阶微分特性使其在图像边缘处理中更为有效，因此，在实际操作中，人们更倾向于直接使用二阶微分算子来处理图像边缘，而不是一阶微分算子。

通过在 launch 文件中修改 edge_detection.launch 中的边缘检测类型 edge_type 参数可以实现拉普拉斯边缘检测。执行“ros2 launch opencv_apps edge_detection.launch”命令，开启拉普拉斯算子边缘检测，其效果如图 4-4 所示。

图 4-4　利用拉普拉斯算子进行边缘检测效果图

（4）利用 Canny 算子进行边缘检测。Canny 边缘检测算法是由 John F. Canny 在 1986 年提出的一个多层次边缘检测技术。Canny 不仅开发了这一算法，还建立了边缘检测的计算理论，阐释了其工作原理。边缘检测的一般目标是在保持图像基本属性的前提下，大幅度降低图像数据量。尽管存在多种边缘检测算法，Canny 算法因其卓越的性能和历史悠久而被视为该领域的经典。它至今仍被广泛运用于研究领域，是边缘检测的一个标杆性算法。

同样地，通过在 launch 文件中修改 edge_detection.launch 中的边缘检测类型 edge_type 参数可以实现 Canny 边缘检测。执行“ros2 launch opencv_apps edge_detection.launch”命令，Canny 算子边缘检测效果如图 4-5 所示。

Canny Edge Detection Demo
Min CannyThreshold1: (100/500)
Min CannyThreshold2: (200/500)

图 4-5　利用 Canny 算子进行边缘检测效果图

4.1.2　哈夫变换

哈夫变换（Hough Transform）是一种利用图像全局特性来直接检测目标轮廓的方法。在已知目标区域形状的条件下，哈夫变换能够精确地捕获目标的边界，无论是连续的还是不连续的，最终都以连续曲线的形式输出变换结果。这种变换能够在强噪声环境中准确地将已知形状的目标分割和提取出来。

ROS2 机器人哈夫变换的具体操作步骤如下。

（1）首先把 ROS2 机器人平放在地面上，通过虚拟机终端输入“ssh+ROS2 机器人 IP”连接 ROS2 机器人，然后执行“ros2 launch create_line_follower camera.launch”命令开启 ROS2 机器人摄像头，如图 4-6 所示。

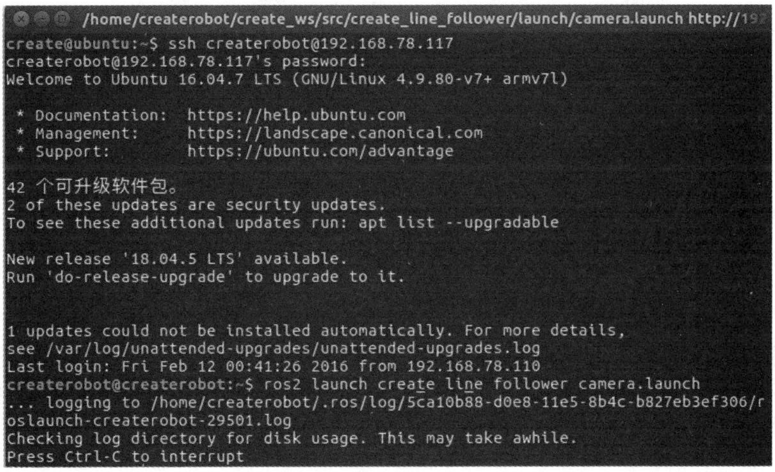
/home/createrobot/create_ws/src/create_line_follower/launch/camera.launch http://19
create@ubuntu:~$ ssh createrobot@192.168.78.117
createrobot@192.168.78.117's password:
Welcome to Ubuntu 16.04.7 LTS (GNU/Linux 4.9.80-v7+ armv7l)
* Documentation: https://help.ubuntu.com
* Management: https://landscape.canonical.com
* Support: https://ubuntu.com/advantage
42 个可升级软件包。
2 of these updates are security updates.
To see these additional updates run: apt list --upgradable
New release '18.04.5 LTS' available.
Run 'do-release-upgrade' to upgrade to it.
1 updates could not be installed automatically. For more details,
see /var/log/unattended-upgrades/unattended-upgrades.log
Last login: Fri Feb 12 00:41:26 2016 from 192.168.78.110
createrobot@createrobot:~$ ros2 launch create_line_follower camera.launch
... logging to /home/createrobot/.ros/log/5ca10b88-d0e8-11e5-8b4c-b827eb3ef306/r
oslaunch-createrobot-29501.log
Checking log directory for disk usage. This may take awhile.
Press Ctrl-C to interrupt

图 4-6　执行“ros2 launch create_line_follower camera.launch”命令

（2）在虚拟机端打开新的终端，执行“ros2 launch opencv_apps hough_lines.launch”命令进行哈夫变换直线检测，效果如图 4-7 所示。

图 4-7　哈夫变换直线检测效果

（3）在虚拟机端打开新的终端，执行“ros2 launch opencv_apps hough_circles.launch”命令进行哈夫变换圆检测，效果如图 4-8 所示。

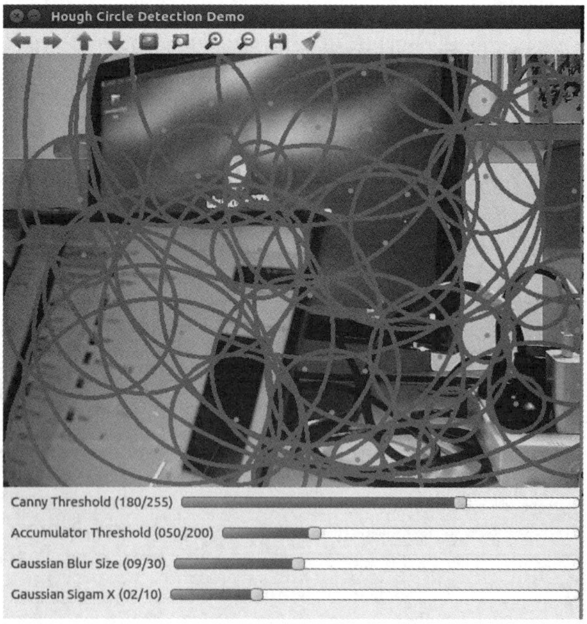

图 4-8　哈夫变换圆检测效果

4.1.3　霍夫变换

霍夫变换是一种特征提取技术，广泛应用于图像分析、计算机视觉和数字图像处理领域，主要用于识别图像中的对象特征，如线条等。该算法的基本流程是：确定目标对象和要检测的形状类型，然后在参数空间中通过投票机制来确定物体的形状，这一过程依赖于累加器空间中的局部最大值来实现。通过这种方法，霍夫变换能够从图像数据中提取出特定的几何形状特征。

ROS2 机器人霍夫变换的具体操作步骤如下。

（1）首先把 ROS2 机器人平放在地面上，通过虚拟机终端输入“ssh+ROS2 机器人 IP”连接 ROS2 机器人，然后执行“ros2 launch create_line_follower camera.launch”命令开启 ROS2 机器人摄像头，如图 4-9 所示。

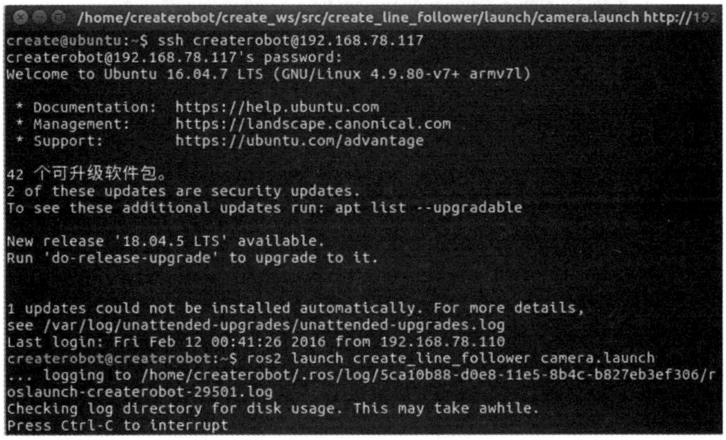
/home/createrobot/create_ws/src/create_line_follower/launch/camera.launch http://19
create@ubuntu:~$ ssh createrobot@192.168.78.117
createrobot@192.168.78.117's password:
Welcome to Ubuntu 16.04.7 LTS (GNU/Linux 4.9.80-v7+ armv7l)
* Documentation: https://help.ubuntu.com
* Management: https://landscape.canonical.com
* Support: https://ubuntu.com/advantage
42 个可升级软件包。
2 of these updates are security updates.
To see these additional updates run: apt list --upgradable
New release '18.04.5 LTS' available.
Run 'do-release-upgrade' to upgrade to it.
1 updates could not be installed automatically. For more details,
see /var/log/unattended-upgrades/unattended-upgrades.log
Last login: Fri Feb 12 00:41:26 2016 from 192.168.78.110
createrobot@createrobot:~$ ros2 launch create_line_follower camera.launch
... logging to /home/createrobot/.ros/log/5ca10b88-d0e8-11e5-8b4c-b827eb3ef306/roslaunch-createrobot-29501.log
Checking log directory for disk usage. This may take awhile.
Press Ctrl-C to interrupt

图 4-9　执行“ros2 launch create_line_follower camera.launch”命令

（2）在虚拟机端打开新的终端，执行“ros2 launch opencv_apps hough_lines.launch”命令进行霍夫变换圆检测，效果如图 4-10 所示。

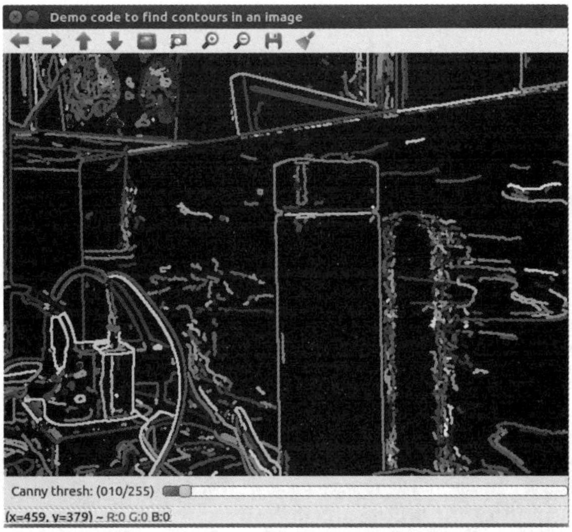
Demo code to find contours in an image
Canny thresh: (010/255)
(x=459, y=379) ~ R:0 G:0 B:0

图 4-10　霍夫变换圆检测效果

可以通过拟合不同的阈值来达到不同霍夫变换圆的检测效果，如图 4-11 所示。

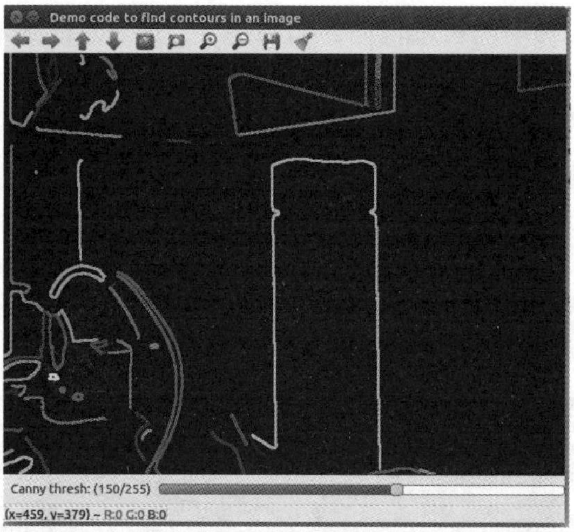
Demo code to find contours in an image
Canny thresh: (150/255)
(x=459, y=379) ~ R:0 G:0 B:0

图 4-11　不同阈值下的霍夫变换圆检测效果图

4.1.4　凸包检测

在计算几何领域，凸包是一个描述点集外围边界的几何结构，它的数学定义为：在一个向量空间 V 中，对于给定集合 X，所有包含 X 的凸集的交集 S 称为 X 的凸包。在图像分析中，凸包有助于识别并描绘出图像中物体的外轮廓。凸包跟多边形逼近很像，只不过它是包围物体最外层的一个凸集，这个凸集是所有能包围这个物体的凸集的交集。

OpenCV 提供了一个名为 convexHull 的函数，它能够便捷地计算出一组点构成的轮廓的凸包，从而帮助我们确定物体的最小外接凸形。寻找图像的凸包，能够让我们做一些有意思的事情，如手势识别等。

ROS2 机器人进行凸包检测的具体操作步骤如下。

（1）首先把 ROS2 机器人平放在地面上，通过虚拟机终端输入“ssh+ROS2 机器人 IP”连接 ROS2 机器人，然后执行“ros2 launch create_line_follower camera.launch”命令开启 ROS2 机器人摄像头，如图 4-12 所示。

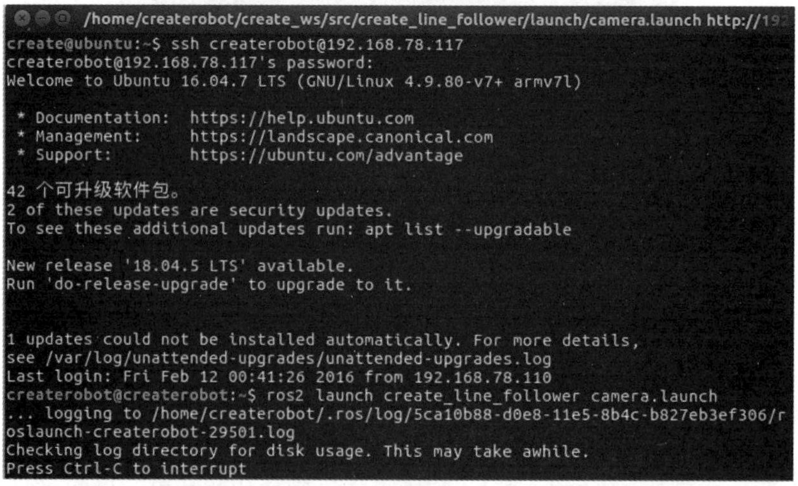
/home/createrobot/create_ws/src/create_line_follower/launch/camera.launch http://192
create@ubuntu:~$ ssh createrobot@192.168.78.117
createrobot@192.168.78.117's password:
Welcome to Ubuntu 16.04.7 LTS (GNU/Linux 4.9.80-v7+ armv7l)
* Documentation: https://help.ubuntu.com
* Management: https://landscape.canonical.com
* Support: https://ubuntu.com/advantage
42 个可升级软件包。
2 of these updates are security updates.
To see these additional updates run: apt list --upgradable
New release '18.04.5 LTS' available.
Run 'do-release-upgrade' to upgrade to it.
1 updates could not be installed automatically. For more details,
see /var/log/unattended-upgrades/unattended-upgrades.log
Last login: Fri Feb 12 00:41:26 2016 from 192.168.78.110
createrobot@createrobot:~$ ros2 launch create_line_follower camera.launch
... logging to /home/createrobot/.ros/log/5ca10b88-d0e8-11e5-8b4c-b827eb3ef306/r
oslaunch-createrobot-29501.log
Checking log directory for disk usage. This may take awhile.
Press Ctrl-C to interrupt

图 4-12　执行“ros2 launch create_line_follower camera.launch”命令

（2）在虚拟机端打开新的终端，执行“ros2 launch opencv_apps convex_hull.launch”命令进行凸包检测，例如，用来检测我们的手掌，可以看出凸包能很好地显示五根手指的轮廓，效果如图 4-13 所示。

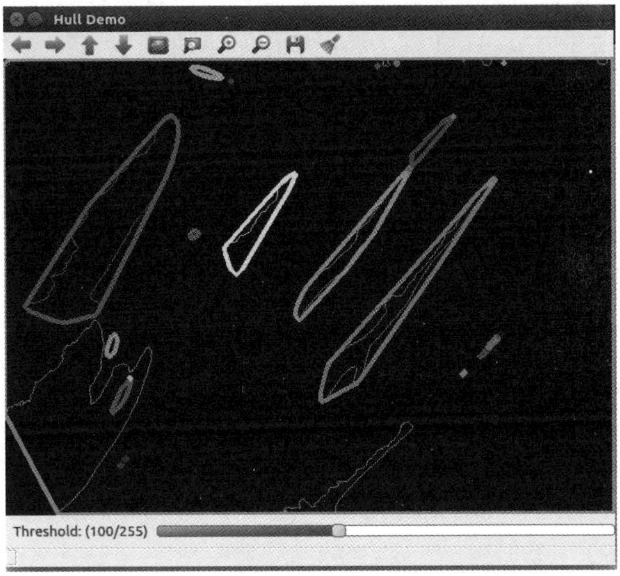

图 4-13　凸包检测下的五根手指效果图

同样地，可以通过调节阈值来达到检测不同物体的凸包效果，如图 4-14 所示。

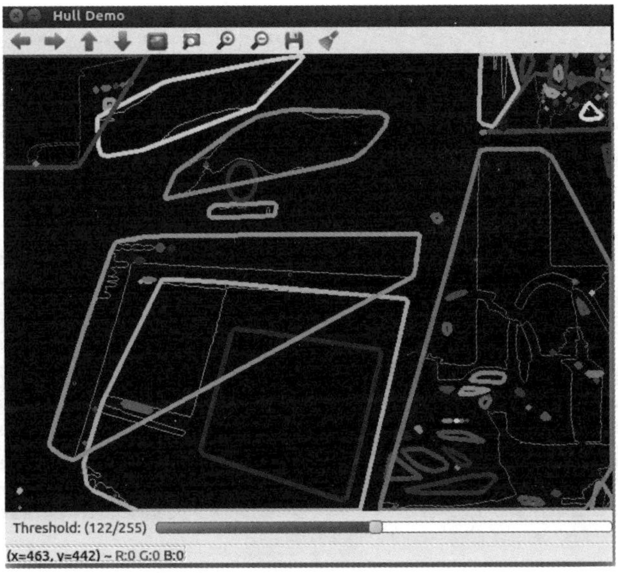

图 4-14　不同物体的凸包效果图

4.1.5　椭圆形检测

ROS2 机器人可以通过 opencv_apps 对椭圆形进行检测，具体操作步骤如下。

（1）首先把 ROS2 机器人平放在地面上，终端连接 ROS2 机器人，然后执行“ros2 launch create_line_follower camera.launch”命令开启 ROS2 机器人摄像头，如图 4-15 所示。

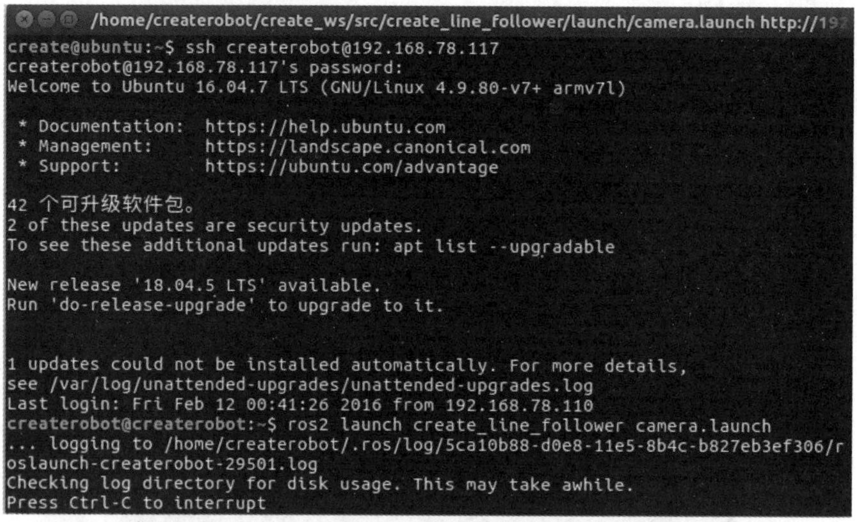
/home/createrobot/create_ws/src/create_line_follower/launch/camera.launch http://19
create@ubuntu:~$ ssh createrobot@192.168.78.117
createrobot@192.168.78.117's password:
Welcome to Ubuntu 16.04.7 LTS (GNU/Linux 4.9.80-v7+ armv7l)
* Documentation: https://help.ubuntu.com
* Management: https://landscape.canonical.com
* Support: https://ubuntu.com/advantage
42 个可升级软件包。
2 of these updates are security updates.
To see these additional updates run: apt list --upgradable
New release '18.04.5 LTS' available.
Run 'do-release-upgrade' to upgrade to it.
1 updates could not be installed automatically. For more details,
see /var/log/unattended-upgrades/unattended-upgrades.log
Last login: Fri Feb 12 00:41:26 2016 from 192.168.78.110
createrobot@createrobot:~$ ros2 launch create_line_follower camera.launch
... logging to /home/createrobot/.ros/log/5ca10b88-d0e8-11e5-8b4c-b827eb3ef306/r
oslaunch-createrobot-29501.log
Checking log directory for disk usage. This may take awhile.
Press Ctrl-C to interrupt

图 4-15　执行“ros2 launch create_line_follower camera.launch”命令

（2）在虚拟机端打开新的终端，执行“ros2 launch opencv_apps general_contours.launch”命令进行椭圆形检测，效果如图 4-16 所示。

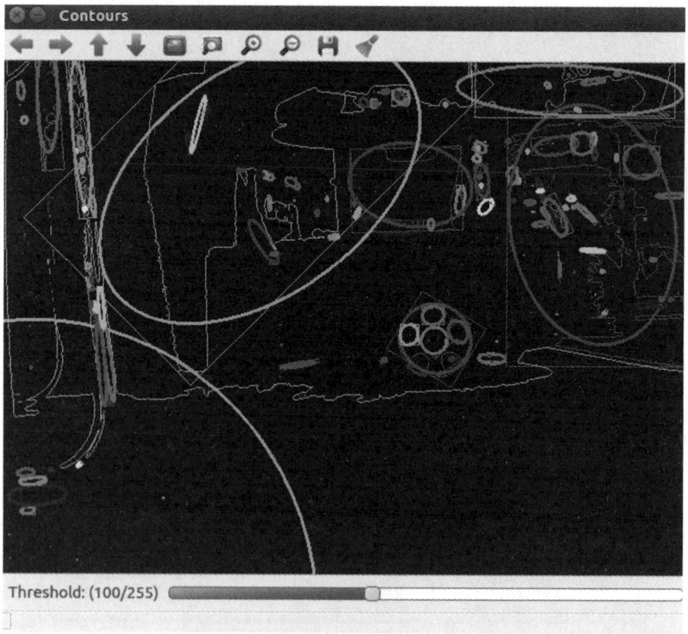
Contours
Threshold: (100/255)

图 4-16　椭圆形检测效果图

4.1.6　人脸检测

人脸检测技术是一种利用个体面部特征进行身份验证的生物识别方法。该技术通过摄像头捕获图像或视频，自动定位和追踪人脸，并在此基础上执行面部识别过程。

这一技术也被称作人脸识别或面部识别，涉及从捕获的图像中提取人脸特征，并与数据库中的已知面部特征进行比对，以确定个体身份。人脸检测在 ROS2 机器人中需要调用 OpenCV3 的功能包，包内已经制作好了检测人脸与人眼特征的模型参数，在使用时直接调用即可。

ROS2 机器人进行人脸检测的具体操作步骤如下。

（1）首先把 ROS2 机器人平放在地面上，通过虚拟机终端输入“ssh+ROS2 机器人 IP”连接 ROS2 机器人，然后执行“ros2 launch create_line_follower camera.launch”命令开启 ROS2 机器人摄像头，如图 4-17 所示。

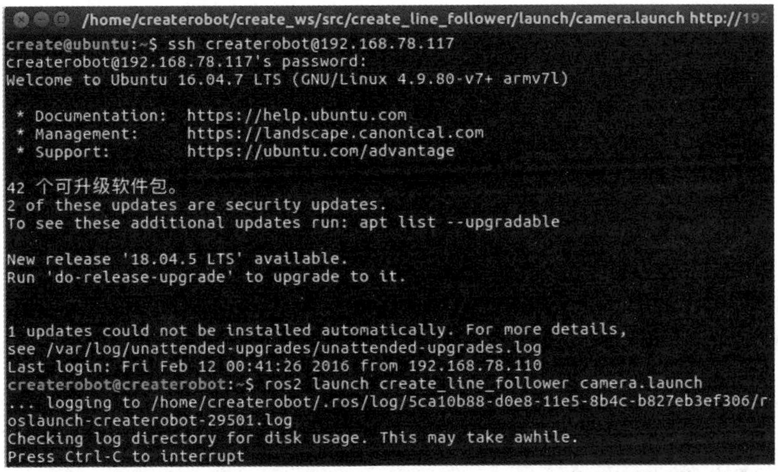
/home/createrobot/create_ws/src/create_line_follower/launch/camera.launch http://192
create@ubuntu:~$ ssh createrobot@192.168.78.117
createrobot@192.168.78.117's password:
Welcome to Ubuntu 16.04.7 LTS (GNU/Linux 4.9.80-v7+ armv7l)
* Documentation: https://help.ubuntu.com
* Management: https://landscape.canonical.com
* Support: https://ubuntu.com/advantage
42 个可升级软件包。
2 of these updates are security updates.
To see these additional updates run: apt list --upgradable
New release '18.04.5 LTS' available.
Run 'do-release-upgrade' to upgrade to it.
1 updates could not be installed automatically. For more details,
see /var/log/unattended-upgrades/unattended-upgrades.log
Last login: Fri Feb 12 00:41:26 2016 from 192.168.78.110
createrobot@createrobot:~$ ros2 launch create_line_follower camera.launch
... logging to /home/createrobot/.ros/log/5ca10b88-d0e8-11e5-8b4c-b827eb3ef306/r
oslaunch-createrobot-29501.log
Checking log directory for disk usage. This may take awhile.
Press Ctrl-C to interrupt

图 4-17　执行“ros2 launch create_line_follower camera.launch”命令

（2）在虚拟机端打开新的终端，执行“ros2 launch opencv_apps face_detection.launch”命令进行人脸检测，效果如图 4-18 所示。

Face detection

图 4-18　人脸检测效果图

4.1.7 特征分析

特征提取在计算机视觉和图像分析领域扮演着核心角色。这一过程涉及利用计算机算法从图像中识别并提取关键信息，区分图像中的各个点是否构成一个特征。通过特征提取，图像中的点被归类为不同的集合，这些集合可能代表单独的点、连续的线条或连续的区域。

特征的具体定义通常取决于特定的任务或应用需求。在数字图像中，特征是指那些“引人注目”的部分，它们往往是许多图像分析技术的基础。一个算法的成功很大程度上取决于其选用和定义的特征。因此，特征提取的一个关键特性是其“一致性”：对于同一场景的不同图像，提取出的特征应当保持一致。作为图像处理的初步步骤，特征提取是分析图像时执行的第一个操作，它涉及对每个像素的检查，以确定该像素是否表示一个特征点。

ROS2 机器人特征提取的具体操作步骤如下。

（1）首先把 ROS2 机器人平放在地面上，通过虚拟机终端输入“ssh+ROS2 机器人 IP”连接 ROS2 机器人，然后执行“ros2 launch create_line_follower camera.launch”命令开启 ROS2 机器人摄像头，如图 4-19 所示。

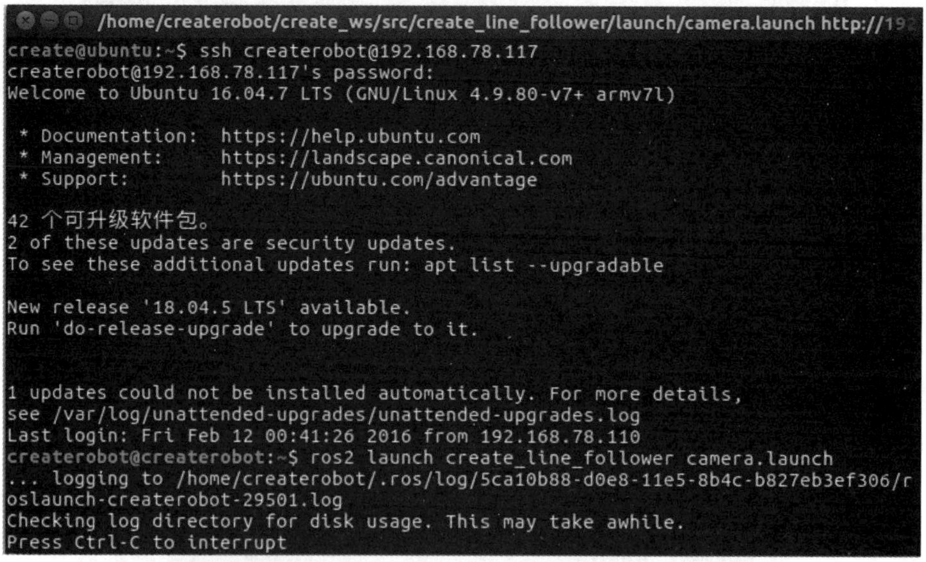
/home/createrobot/create_ws/src/create_line_follower/launch/camera.launch http://19
create@ubuntu:~$ ssh createrobot@192.168.78.117
createrobot@192.168.78.117's password:
Welcome to Ubuntu 16.04.7 LTS (GNU/Linux 4.9.80-v7+ armv7l)
* Documentation: https://help.ubuntu.com
* Management: https://landscape.canonical.com
* Support: https://ubuntu.com/advantage
42 个可升级软件包。
2 of these updates are security updates.
To see these additional updates run: apt list --upgradable
New release '18.04.5 LTS' available.
Run 'do-release-upgrade' to upgrade to it.
1 updates could not be installed automatically. For more details,
see /var/log/unattended-upgrades/unattended-upgrades.log
Last login: Fri Feb 12 00:41:26 2016 from 192.168.78.110
createrobot@createrobot:~$ ros2 launch create_line_follower camera.launch
... logging to /home/createrobot/.ros/log/5ca10b88-d0e8-11e5-8b4c-b827eb3ef306/r
oslaunch-createrobot-29501.log
Checking log directory for disk usage. This may take awhile.
Press Ctrl-C to interrupt

图 4-19 执行“ros2 launch create_line_follower camera.launch”命令

（2）在虚拟机端打开新的终端，执行“ros2 launch opencv_apps goodfeature_track.launch”命令进行特征分析，效果如图 4-20 所示。

Image
Max corners (081/100)
(x=437, y=276) ~ R:65 G:57 B:82

图 4-20　特征分析效果图

4.1.8　颜色块追踪

CamShift 算法是一种基于颜色的自适应均值漂移跟踪技术，它源自 MeanShift 算法，通过概率分布图来实现目标跟踪。该算法能够自动调整跟踪窗口的大小以适应目标在图像中由于距离变化或形变，有效处理跟踪过程中的目标变形问题。在背景简单且目标颜色与环境有明显差异的场景中，CamShift 算法能够实现高效的目标跟踪。

CamShift 的核心思想是利用目标的颜色直方图来构建模型，并将当前帧图像通过这个模型反向投影成概率分布图。通过初始化搜索窗口的尺寸和位置，并结合前一帧的跟踪结果，算法能够自适应地调整搜索窗口，精确定位目标在当前帧图像中的中心位置。这种方法特别适用于目标颜色特征明显且背景相对简单的场景。

ROS2 机器人进行颜色块追踪的具体操作步骤如下。

（1）首先把 ROS2 机器人平放在地面上，通过虚拟机终端输入“ssh+ROS2 机器人 IP”连接 ROS2 机器人，然后执行“ros2 launch create_line_follower camera.launch”命令开启 ROS2 机器人摄像头，如图 4-21 所示。

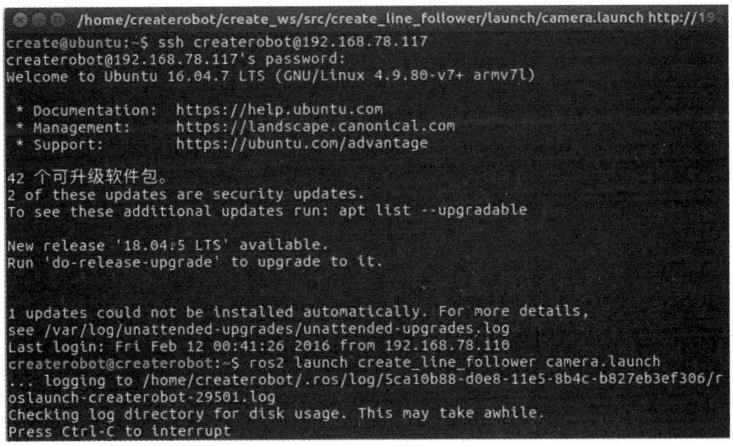
/home/createrobot/create_ws/src/create_line_follower/launch/camera.launch http://19
create@ubuntu:~$ ssh createrobot@192.168.78.117
createrobot@192.168.78.117's password:
Welcome to Ubuntu 16.04.7 LTS (GNU/Linux 4.9.80-v7+ armv7l)
* Documentation: https://help.ubuntu.com
* Management: https://landscape.canonical.com
* Support: https://ubuntu.com/advantage
42 个可升级软件包。
2 of these updates are security updates.
To see these additional updates run: apt list --upgradable
New release '18.04.5 LTS' available.
Run 'do-release-upgrade' to upgrade to it.
1 updates could not be installed automatically. For more details,
see /var/log/unattended-upgrades/unattended-upgrades.log
Last login: Fri Feb 12 00:41:26 2016 from 192.168.78.110
createrobot@createrobot:~$ ros2 launch create_line_follower camera.launch
... logging to /home/createrobot/.ros/log/5ca10b88-d0e8-11e5-8b4c-b827eb3ef306/r
oslaunch-createrobot-29501.log
Checking log directory for disk usage. This may take awhile.
Press Ctrl-C to interrupt

图 4-21　执行“ros2 launch create_line_follower camera.launch”命令

（2）在虚拟机端打开新的终端，执行“ros2 launch opencv_apps camshift.launch”命令进行颜色块追踪，效果如图 4-22 所示。

本案例中颜色设置为浅绿色，用户可自行根据项目需求设置不同的颜色，同时可以通过调节图像下方的值来改变具体追踪颜色块目标。相应的颜色直方图展示如图 4-23 所示。

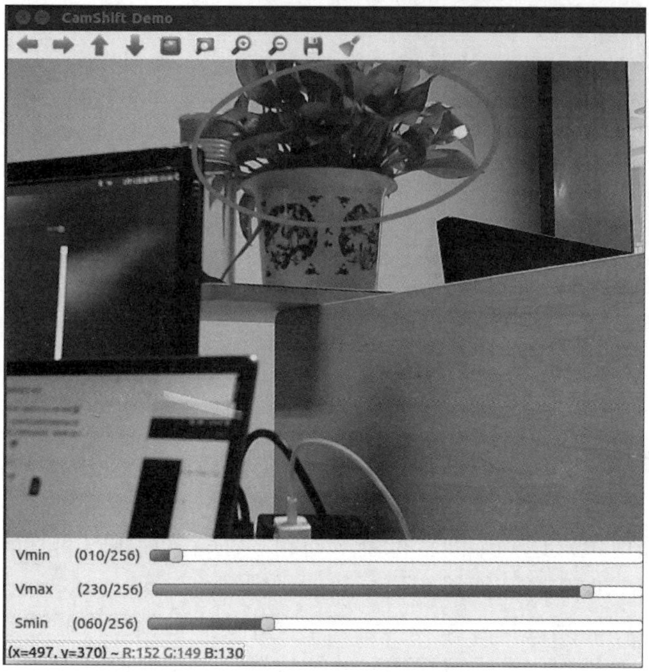

图 4-22　颜色块追踪效果图

扫码查看彩图

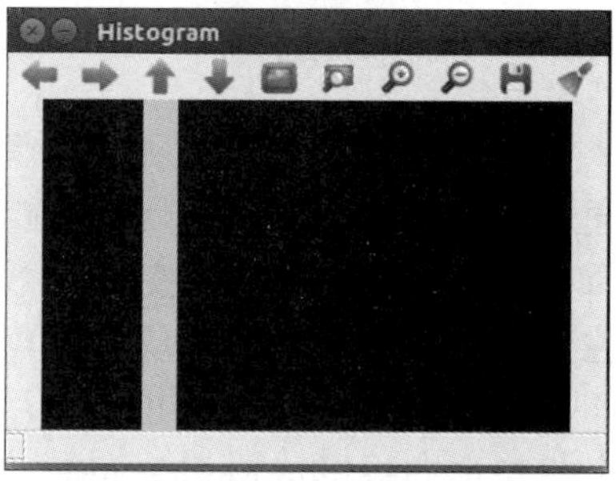

图 4-23　颜色直方图

4.1.9　光流检测

在真实的三维空间中，描述物体运动状态的物理概念是运动场。在三维空间中，物体经过一段时间的运动后会到达新的位置，这种位移可以通过运动场来描述。然而，在计算机视觉领域，我们通常只能获取二维的图像信息，因此无法直接应用运动场的概念。为了解决这个问题，光流场（optical flow）被引入来描述三维空间中运动物体在二维图像上的像素点运动向量场。

光流法在目标检测中的应用基于为图像中的每个像素点分配一个速度向量，从而形成一个运动向量场。在某一特定时刻，图像上的点与三维空间中的物体点存在一一对应的关系，这种关系可以通过投影计算得出。通过分析像素点的速度向量特征，可以对图像进行动态分析。如果图像中没有运动物体，光流向量在图像区域内是连续变化的。当图像中存在运动物体时，物体与背景之间存在相对运动，这导致运动物体的速度向量与背景的速度向量存在差异，从而可以计算出运动物体的位置。需要注意的是，使用光流法进行运动物体检测时，由于计算量较大，可能无法保证实时性和实用性。

1．Gunnar Farneback 算法

Gunnar Farneback 算法是一种用于计算稠密光流的方法，它能够为图像中的每个像

素点估算出光流向量。通过对每个像素点邻域利用最小二乘法构建灰度值与位置(x,y)的函数关系式，进而求得两帧之间像素的位移，并计算光流。

ROS2 机器人进行 Gunnar Farneback 算法光流检测的具体操作步骤如下。

（1）首先把 ROS2 机器人平放在地面上，终端连接 ROS2 机器人，然后执行“ros2 launch create_line_follower camera.launch”命令开启 ROS2 机器人摄像头，如图 4-24 所示。

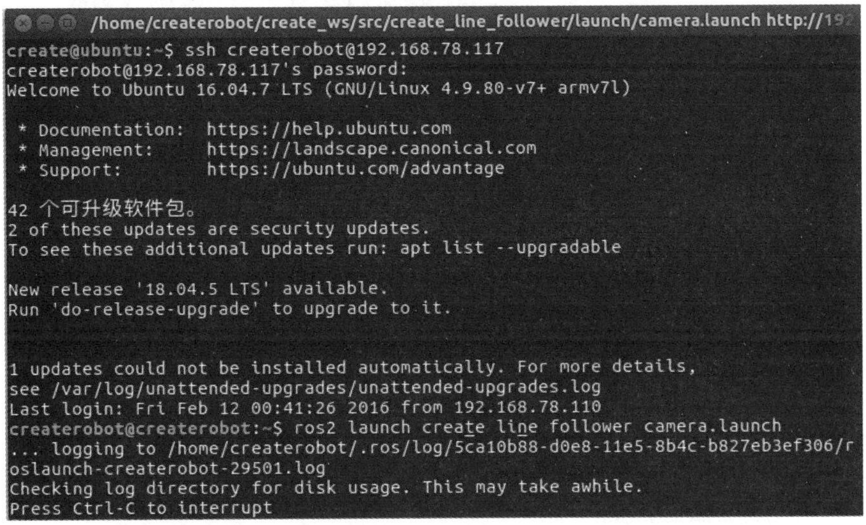
/home/createrobot/create_ws/src/create_line_follower/launch/camera.launch http://192
create@ubuntu:~$ ssh createrobot@192.168.78.117
createrobot@192.168.78.117's password:
Welcome to Ubuntu 16.04.7 LTS (GNU/Linux 4.9.80-v7+ armv7l)
* Documentation: https://help.ubuntu.com
* Management: https://landscape.canonical.com
* Support: https://ubuntu.com/advantage
42 个可升级软件包。
2 of these updates are security updates.
To see these additional updates run: apt list --upgradable
New release '18.04.5 LTS' available.
Run 'do-release-upgrade' to upgrade to it.
1 updates could not be installed automatically. For more details,
see /var/log/unattended-upgrades/unattended-upgrades.log
Last login: Fri Feb 12 00:41:26 2016 from 192.168.78.110
createrobot@createrobot:~$ ros2 launch create_line_follower camera.launch
... logging to /home/createrobot/.ros/log/5ca10b88-d0e8-11e5-8b4c-b827eb3ef306/roslaunch-createrobot-29501.log
Checking log directory for disk usage. This may take awhile.
Press Ctrl-C to interrupt

图 4-24　执行“ros2 launch create_line_follower camera.launch”命令

（2）在虚拟机端打开新的终端，执行“ros2 launch opencv_apps fback_flow.launch”命令进行 Gunnar Farneback 算法光流检测，效果如图 4-25 所示。

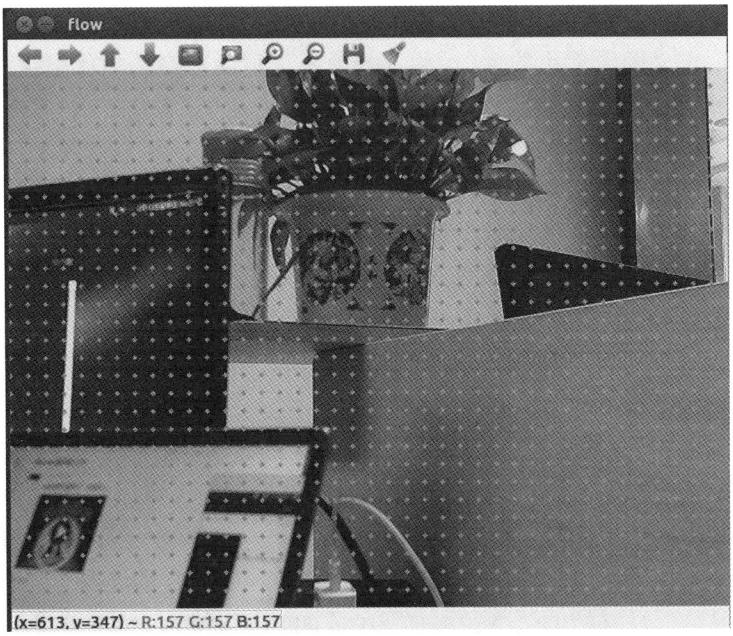
flow
(x=613, y=347) ~ R:157 G:157 B:157

图 4-25　Gunnar Farneback 算法光流检测效果图

此时是静止的画面，当实际画面出现变化时，图像上的小绿点会随着变化的方向在该位置将相邻的光点进行连接，从而形成物体流动的轮廓，如图 4-26 所示。

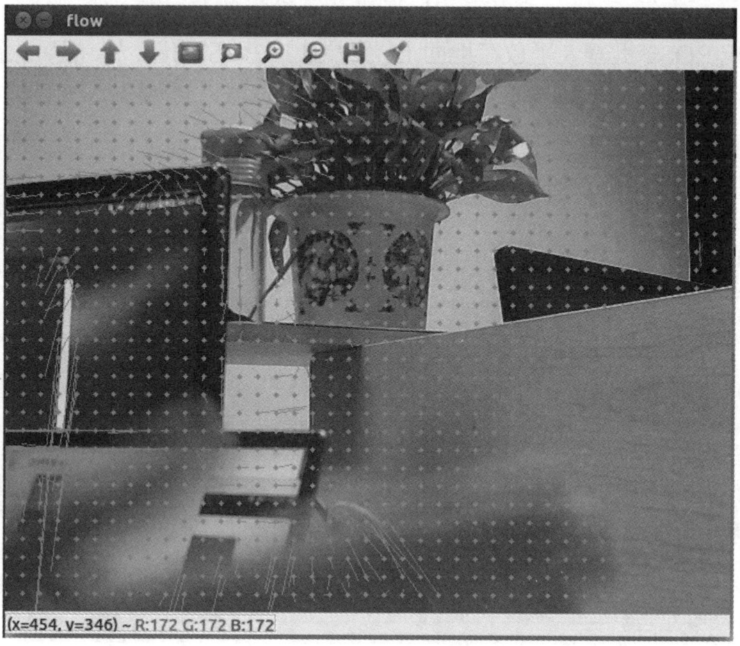

图 4-26　物体流动的轮廓图

2. Lucas-Kanade 算法

Lucas-Kanade 算法在多个计算机视觉领域中发挥着重要作用，包括图像对齐、光流估计、目标跟踪、图像拼接和人脸检测等。该算法的核心在于计算两帧图像之间的光流，通过在连续帧中定义固定大小的窗口，并寻找最小化这两个窗口内像素强度差异的位移。具体来说，Lucas-Kanade 方法首先在前一帧图像中确定一个窗口，然后在后一帧中寻找一个最佳匹配窗口，使得两窗口之间的像素强度差异最小。这个过程涉及计算一个近似的位移向量，用以描述窗口内像素点的运动。然而，实际中像素的运动可能更为复杂，因为它们可能受到多种因素的影响，如遮挡、光照变化和物体的非刚性变形等，另一方面窗口内像素并不都是同样的移动方式，因为这样的近似必然会带来误差。而现在的问题就是如何去选择合适的窗口或者特征点，从而获得最为精确的跟踪。Lucas-Kanade 算法旨在挑选适合追踪的特征点，其核心理念是认为一个优秀的特征点应当具备良好的可追踪性。

ROS2 机器人进行 Lucas-Kanade 算法光流检测的具体操作步骤如下。

（1）首先把 ROS2 机器人平放在地面上，通过虚拟机终端输入“ssh+ROS2 机器人 IP”连接 ROS2 机器人，然后执行“ros2 launch create_line_follower camera.launch”命令开启 ROS2 机器人摄像头，如图 4-27 所示。

（2）在虚拟机端打开新的终端，执行“ros2 launch opencv_apps lk_flow.launch”命令进行 Lucas-Kanade 算法光流检测，效果如图 4-28 所示。

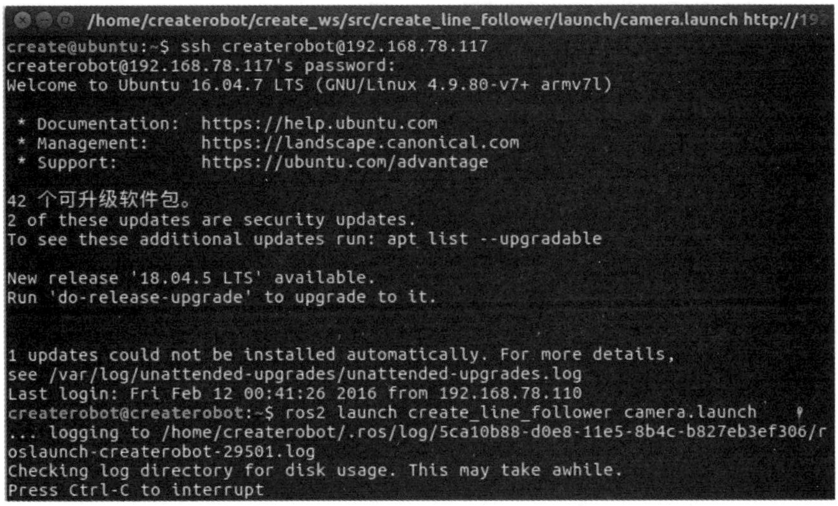
/home/createrobot/create_ws/src/create_line_follower/launch/camera.launch http://19
create@ubuntu:~$ ssh createrobot@192.168.78.117
createrobot@192.168.78.117's password:
Welcome to Ubuntu 16.04.7 LTS (GNU/Linux 4.9.80-v7+ armv7l)
* Documentation: https://help.ubuntu.com
* Management: https://landscape.canonical.com
* Support: https://ubuntu.com/advantage
42 个可升级软件包。
2 of these updates are security updates.
To see these additional updates run: apt list --upgradable
New release '18.04.5 LTS' available.
Run 'do-release-upgrade' to upgrade to it.
1 updates could not be installed automatically. For more details,
see /var/log/unattended-upgrades/unattended-upgrades.log
Last login: Fri Feb 12 00:41:26 2016 from 192.168.78.110
createrobot@createrobot:~$ ros2 launch create_line_follower camera.launch
... logging to /home/createrobot/.ros/log/5ca10b88-d0e8-11e5-8b4c-b827eb3ef306/roslaunch-createrobot-29501.log
Checking log directory for disk usage. This may take awhile.
Press Ctrl-C to interrupt

图 4-27 执行“ros2 launch create_line_follower camera.launch”命令

LK Demo
Min Distance (043/100)
Block Size (022/100)
(x=617, y=86) ~ R:41 G:52 B:8

图 4-28 Lucas-Kanade 算法光流检测效果图

3. simple_flow

simple_flow 是一个简单的实时流计算框架，由 agent 和 flow_server 两部分组成。agent 负责将数据实时传输给 flow_server，flow_server 负责对实时流的处理。

ROS2 机器人进行 simple_flow 算法光流检测的具体操作步骤如下。

（1）首先把 ROS2 机器人平放在地面上，通过虚拟机终端输入“ssh+ROS2 机器人 IP”连接 ROS2 机器人，然后执行“ros2 launch create_line_follower camera.launch”命令开启 ROS2 机器人摄像头，如图 4-29 所示。

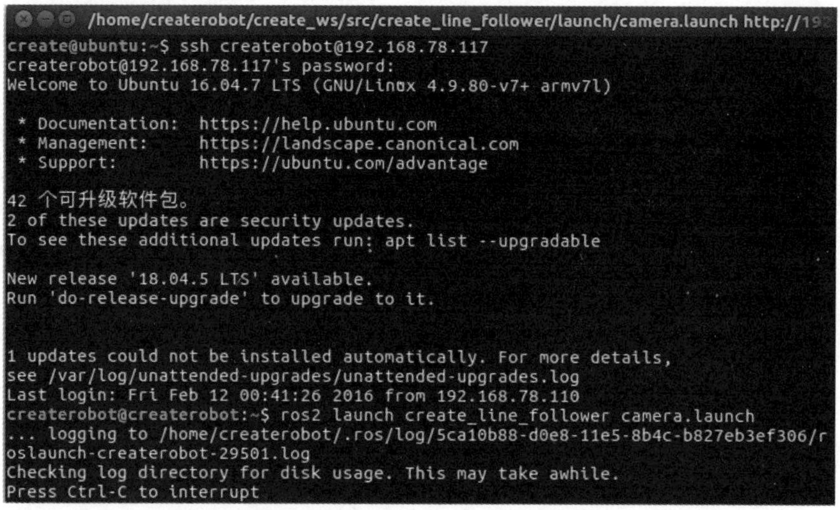
/home/createrobot/create_ws/src/create_line_follower/launch/camera.launch http://19
create@ubuntu:~$ ssh createrobot@192.168.78.117
createrobot@192.168.78.117's password:
Welcome to Ubuntu 16.04.7 LTS (GNU/Linux 4.9.80-v7+ armv7l)
* Documentation: https://help.ubuntu.com
* Management: https://landscape.canonical.com
* Support: https://ubuntu.com/advantage
42 个可升级软件包。
2 of these updates are security updates.
To see these additional updates run: apt list --upgradable
New release '18.04.5 LTS' available.
Run 'do-release-upgrade' to upgrade to it.
1 updates could not be installed automatically. For more details,
see /var/log/unattended-upgrades/unattended-upgrades.log
Last login: Fri Feb 12 00:41:26 2016 from 192.168.78.110
createrobot@createrobot:~$ ros2 launch create_line_follower camera.launch
... logging to /home/createrobot/.ros/log/5ca10b88-d0e8-11e5-8b4c-b827eb3ef306/r
oslaunch-createrobot-29501.log
Checking log directory for disk usage. This may take awhile.
Press Ctrl-C to interrupt

图 4-29　执行“ros2 launch create_line_follower camera.launch”命令

（2）在虚拟机端打开新的终端，执行“ros2 launch opencv_apps simple_flow.launch”命令进行 simple_flow 算法光流检测，效果如图 4-30 所示。

simpleflow_demo
ubuntu MATE
Scale (08/24)

图 4-30　simple_flow 算法光流检测效果图

4.1.10　区域分割

图像中通常包含多种不同的物体，它们分布在图像的不同区域。为了从图像中识别出我们关注的特定部分，需要将图像根据物体的不同属性划分成多个区域，这个过程称为图像分割。图像分割的目的是提取出具有区分性、稳定性和独立性的特征，这些特征对于后续的图像分析至关重要。简而言之，图像分割是特征提取过程中的首要步骤，只有准确地分割才能确保提取出正确的对象特征。

ROS2 机器人进行区域分割的具体操作步骤如下。

（1）首先把 ROS2 机器人平放在地面上，通过虚拟机终端输入“ssh+ROS2 机器人 IP”连接 ROS2 机器人，然后执行“ros2 launch create_line_follower camera.launch”命令开启 ROS2 机器人摄像头，如图 4-31 所示。

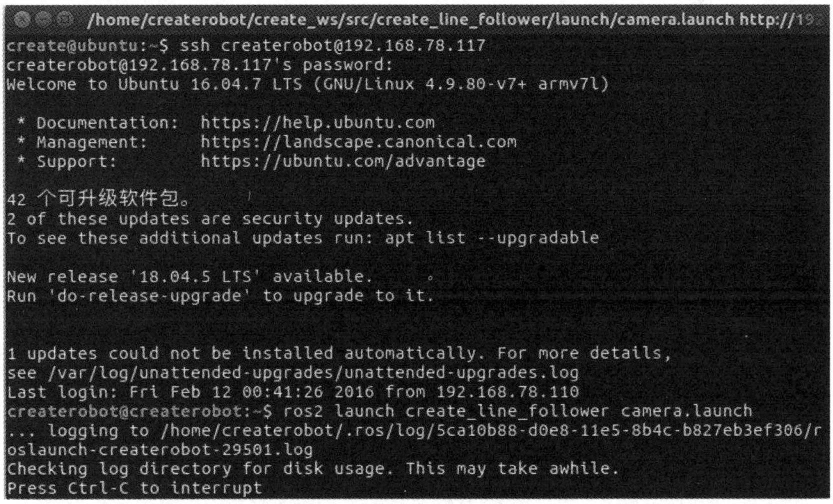
/home/createrobot/create_ws/src/create_line_follower/launch/camera.launch http://19
create@ubuntu:~$ ssh createrobot@192.168.78.117
createrobot@192.168.78.117's password:
Welcome to Ubuntu 16.04.7 LTS (GNU/Linux 4.9.80-v7+ armv7l)
* Documentation: https://help.ubuntu.com
* Management: https://landscape.canonical.com
* Support: https://ubuntu.com/advantage
42 个可升级软件包。
2 of these updates are security updates.
To see these additional updates run: apt list --upgradable
New release '18.04.5 LTS' available.
Run 'do-release-upgrade' to upgrade to it.
1 updates could not be installed automatically. For more details,
see /var/log/unattended-upgrades/unattended-upgrades.log
Last login: Fri Feb 12 00:41:26 2016 from 192.168.78.110
createrobot@createrobot:~$ ros2 launch create_line_follower camera.launch
... logging to /home/createrobot/.ros/log/5ca10b88-d0e8-11e5-8b4c-b827eb3ef306/roslaunch-createrobot-29501.log
Checking log directory for disk usage. This may take awhile.
Press Ctrl-C to interrupt

图 4-31　执行“ros2 launch create_line_follower camera.launch”命令

（2）在虚拟机端打开新的终端，执行“ros2 launch opencv_apps segment_objects.launch”命令进行区域分割，效果如图 4-32 所示。

segmented
(x=419, y=468) ~ R:0 G:0 B:0

图 4-32　区域分割效果

4.1.11　颜色特征空间

ROS2 机器人可以通过 opencv_apps 对不同颜色空间进行特征提取，如 hsl 颜色空间、rgb 颜色空间、hsv 颜色空间等，具体操作步骤如下。

（1）首先把 ROS2 机器人平放在地面上，通过虚拟机终端输入“ssh+ROS2 机器人 IP”连接 ROS2 机器人，然后执行“ros2 launch create_line_follower camera.launch”命令开启 ROS2 机器人摄像头，如图 4-33 所示。

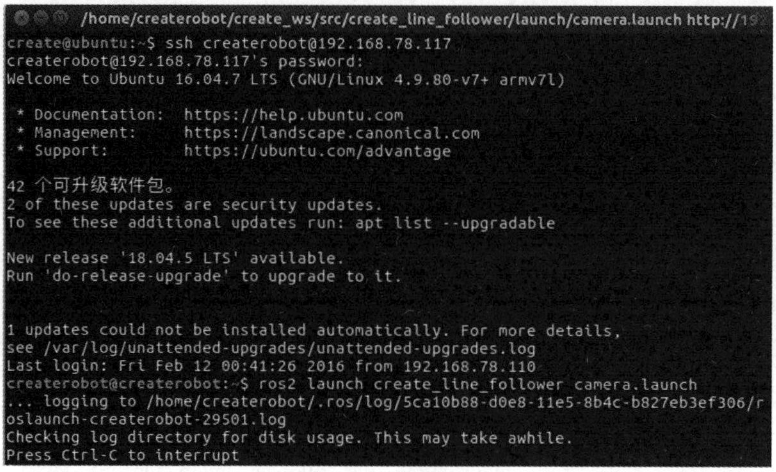
/home/createrobot/create_ws/src/create_line_follower/launch/camera.launch http://
create@ubuntu:~$ ssh createrobot@192.168.78.117
createrobot@192.168.78.117's password:
Welcome to Ubuntu 16.04.7 LTS (GNU/Linux 4.9.80-v7+ armv7l)
* Documentation: https://help.ubuntu.com
* Management: https://landscape.canonical.com
* Support: https://ubuntu.com/advantage
42 个可升级软件包。
2 of these updates are security updates.
To see these additional updates run: apt list --upgradable
New release '18.04.5 LTS' available.
Run 'do-release-upgrade' to upgrade to it.
1 updates could not be installed automatically. For more details,
see /var/log/unattended-upgrades/unattended-upgrades.log
Last login: Fri Feb 12 00:41:26 2016 from 192.168.78.110
createrobot@createrobot:~$ ros2 launch create_line_follower camera.launch
... logging to /home/createrobot/.ros/log/5ca10b88-d0e8-11e5-8b4c-b827eb3ef306/r
oslaunch-createrobot-29501.log
Checking log directory for disk usage. This may take awhile.
Press Ctrl-C to interrupt

图 4-33　执行“ros2 launch create_line_follower camera.launch”命令

（2）在虚拟机端打开新的终端，执行“ros2 launch opencv_apps hsv_color_filter.launch”命令进行区域分割，用户可根据.launch 文件中的参数值自行调整，效果如图 4-34～图 4-36 所示。

图 4-34　颜色特征提取效果图（1）

图 4-35 颜色特征提取效果图（2）

图 4-36 颜色特征提取效果图（3）

4.2 ROS2 机器人视觉颜色及形状识别

ROS2 无法直接进行图像处理，需要借助 OpenCV，使用 cv_bridge 将 ROS2 的图像数据格式转换为 OpenCV 可以使用的数据格式，即是一个提供 ROS2 和 OpenCV 库之间的接口的开发包，然后可以将 OpenCV 处理好的图像再转换回 ROS2 中的数据格式，如图 4-37 所示。

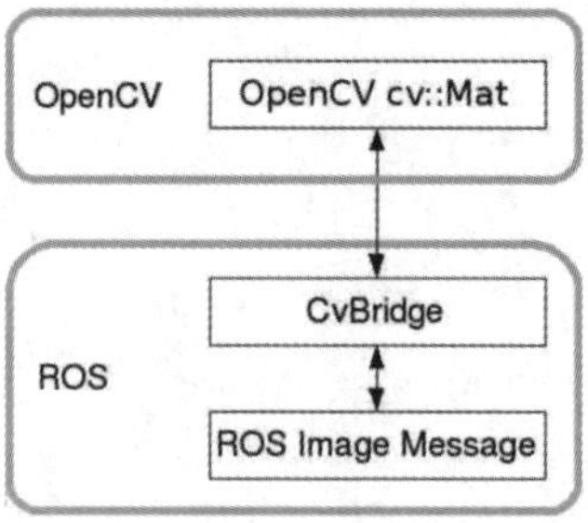
OpenCV
OpenCV cv::Mat
CvBridge
ROS
ROS Image Message

图 4-37　数据格式转换流程图

因此在进行视觉图像处理时需要调用 cv_bridge 的函数库，本案例使用 Python 进行编程，实现在 ROS2 系统上简单的发布与接收数据。具体操作步骤如下。

（1）首先通过虚拟机终端输入“ssh+ROS2 机器人 IP”连接 ROS2 机器人，然后执行“ros2 launch create_line_follower camera.launch”命令开启 ROS2 机器人摄像头，如图 4-38 所示。

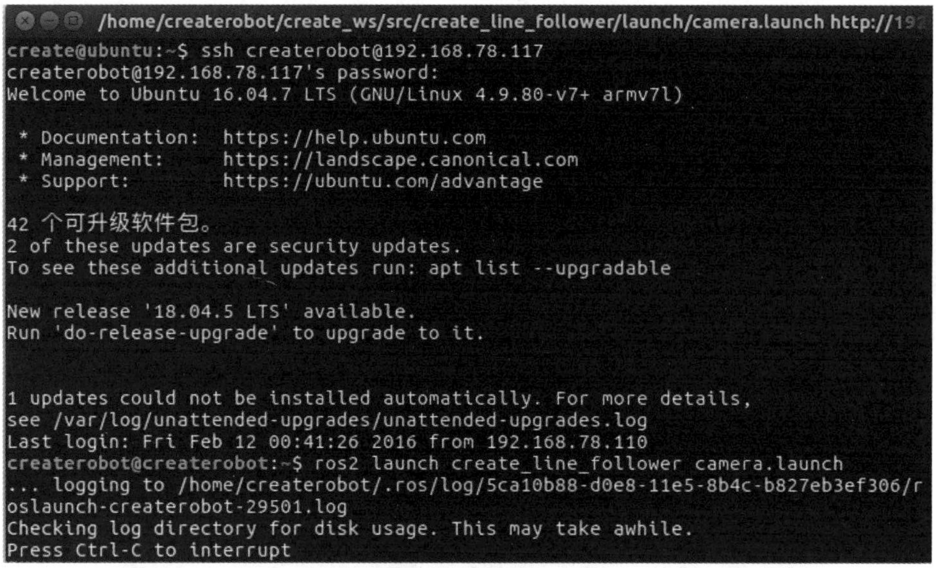
/home/createrobot/create_ws/src/create_line_follower/launch/camera.launch http://19
create@ubuntu:~$ ssh createrobot@192.168.78.117
createrobot@192.168.78.117's password:
Welcome to Ubuntu 16.04.7 LTS (GNU/Linux 4.9.80-v7+ armv7l)
* Documentation: https://help.ubuntu.com
* Management: https://landscape.canonical.com
* Support: https://ubuntu.com/advantage
42 个可升级软件包。
2 of these updates are security updates.
To see these additional updates run: apt list --upgradable
New release '18.04.5 LTS' available.
Run 'do-release-upgrade' to upgrade to it.
1 updates could not be installed automatically. For more details,
see /var/log/unattended-upgrades/unattended-upgrades.log
Last login: Fri Feb 12 00:41:26 2016 from 192.168.78.110
createrobot@createrobot:~$ ros2 launch create_line_follower camera.launch
... logging to /home/createrobot/.ros/log/5ca10b88-d0e8-11e5-8b4c-b827eb3ef306/r
oslaunch-createrobot-29501.log
Checking log directory for disk usage. This may take awhile.
Press Ctrl-C to interrupt

图 4-38　执行“ros2 launch create_line_follower camera.launch”命令

（2）开启 ROS2 设备摄像头后，图像数据经过 cv_bridge 转换成 OpenCV 格式的数据，使用 HSV 颜色空间设置阈值为识别红色，经过高斯滤波与形态学处理后，转换为 ROS2 发布与接收的数据格式，打开新的终端执行“ros2 launch create_line_follow color_space.py”命令进行颜色与形状识别，效果如图 4-39 所示。

因 color_space.py 的阈值设定为识别红色，所以在整幅图像中只识别出瓶体红色部分，过滤掉了其他颜色并使用轮廓框标出，由于实验瓶体的红色分布不均匀，我们使用颜色分布集中的电流钳来进行检测。效果如图 4-40 所示。

扫码查看彩图

扫码查看彩图

图 4-39　实验瓶体的红色识别效果图（1）

图 4-40　实验瓶体的红色识别效果图（2）

4.3　ROS2 机器人视觉条形码及二维码识别

二维码（2D barcode），也被称作二维条形码，是一种在移动设备上广泛使用的编码技术，它能够存储比传统一维条形码更多的信息，并且能够表示更丰富的数据类型。二维码是通过在二维平面上按照特定规则排列的黑白图形来记录数据。它基于计算机逻辑基础的二进制概念，使用几何图形来代表文字和数值信息，可以通过图像输入或光电扫描设备自动读取，实现信息的自动处理。二维码具有一些共性，比如每种编码方式都有特定的字符集、每个字符占据一定的空间，并具备校验功能等。此外，二维码还能自动识别不同行的信息，并处理图形的旋转变化。

二维码能够将数字、字母、汉字、特殊符号以及二进制数据编码到一个方形图案中。在编码过程中，需要使用特定的压缩和编码方法。在众多的二维码中，常见的编码方式包括 Data Matrix、Maxi Code、Aztec、QR Code、Vericode、PDF417 等。随着 QR Code 的流行，二维码在日常生活中的应用越来越广泛，QR Code 因此成为二维码的代名词。QR Code 是一种矩阵式的二维码，通过在矩形空间内不同分布的黑白像素点进行编码，其中点的存在表示二进制的“1”，点的缺失表示“0”，这些点的特定排列组合定义了二维码所携带的信息。

ROS2 机器人使用 Python 进行二维码和条形码检测，编写在 QR_node.py 文件中，具体操作步骤如下。

（1）事先准备好二维码与条形码，可以在 create_line_follow 文件夹中找到，也可以使用微信二维码的保存图片，如图 4-41 和图 4-42 所示。

图 4-41　二维码

9 876543 210128 >

图 4-42　条形码

（2）安装二维码解析库 pyzbar，打开终端执行“pip install pyzbar”命令，将 pyzbr 库安装到 Python2.7 中，如图 4-43 所示。

```
create@ubuntu: ~
create@ubuntu:~$ pip install pyzbar
Collecting pyzbar
  Using cached https://files.pythonhosted.org/packages/46/7e/d2ad702facc47c0b310
6a494f5dfbc3f296aab7a07dac05d1f30bdad0fab/pyzbar-0.1.8-py2.py3-none-any.whl
Collecting pathlib>=1.0.1; python_version == "2.7" (from pyzbar)
Collecting enum34>=1.1.6; python_version == "2.7" (from pyzbar)
  Using cached https://files.pythonhosted.org/packages/6f/2c/a9386903ece2ea85e98
07e0e062174dc26fdce8b05f216d00491be29fad5/enum34-1.1.10-py2-none-any.whl
Installing collected packages: pathlib, enum34, pyzbar
Successfully installed enum34-1.1.10 pathlib-1.0.1 pyzbar-0.1.8
You are using pip version 8.1.1, however version 21.0.1 is available.
You should consider upgrading via the 'pip install --upgrade pip' command.
create@ubuntu:~$ 
```

图 4-43　安装 pyzbr 库

（3）通过虚拟机终端输入“ssh+ROS2 机器人 IP”连接 ROS2 机器人，然后执行“ros2 launch create_line_follower camera.launch”命令开启 ROS2 机器人摄像头，以便接收图像数据，如图 4-44 所示。


```
/home/createrobot/create_ws/src/create_line_follower/launch/camera.launch http://19
create@ubuntu:~$ ssh createrobot@192.168.78.117
createrobot@192.168.78.117's password:
Welcome to Ubuntu 16.04.7 LTS (GNU/Linux 4.9.80-v7+ armv7l)

 * Documentation:  https://help.ubuntu.com
 * Management:     https://landscape.canonical.com
 * Support:        https://ubuntu.com/advantage

42 个可升级软件包。
2 of these updates are security updates.
To see these additional updates run: apt list --upgradable

New release '18.04.5 LTS' available.
Run 'do-release-upgrade' to upgrade to it.


1 updates could not be installed automatically. For more details,
see /var/log/unattended-upgrades/unattended-upgrades.log
Last login: Fri Feb 12 00:41:26 2016 from 192.168.78.110
createrobot@createrobot:~$ ros2 launch create_line_follower camera.launch
... logging to /home/createrobot/.ros/log/5ca10b88-d0e8-11e5-8b4c-b827eb3ef306/r
oslaunch-createrobot-29501.log
Checking log directory for disk usage. This may take awhile.
Press Ctrl-C to interrupt
```

图 4-44　连接 ROS2 机器人并开启 ROS2 机器人摄像头

（4）打开新的终端，执行“ros2 launch create_line_follow QR_node.py”命令打开一个待检测窗口，此时将事先准备好的二维码放到镜头前方。二维码识别效果如图 4-45 所示。

条形码的识别考虑到排列密集和摄像头清晰程度问题，我们将条形码打印在 A4 纸上以便更好地识别。条形码识别效果如图 4-46 所示。

由以上检测效果可以看出，pyzbar 可以有效地检测出二维码的注册信息。

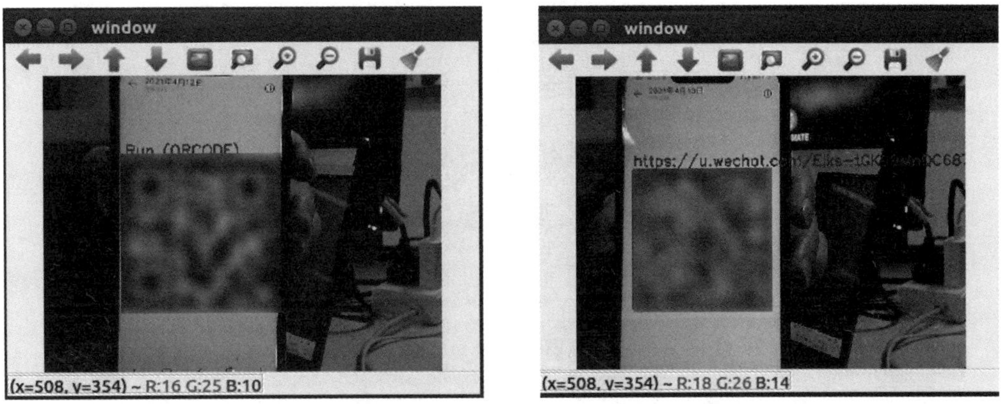

（a） （b）

图 4-45 二维码识别效果图

图 4-46 条形码识别效果图

4.4 ROS2 机器人视觉文本及数字识别

Tesseract 是一款由惠普布里斯托实验室于 1985—1995 年开发的开源光学字符识别（OCR）引擎，在 1995 年的 UNLV 准确度测试中表现卓越。然而，该项目在 1996 年之后的开发活动基本停滞。直到 2005 年，惠普决定将 Tesseract 开源，随后在 2006 年，Google 对 Tesseract 进行了一系列的改进，包括修复缺陷和性能优化。如今，Tesseract 已成为最强大的开源 OCR 引擎之一。

OCR 技术涉及从图像中提取文本信息，通过扫描字符并根据其形状将其转换为电子文本。Tesseract 的识别过程基于字符识别，特别采用多边形近似方法，并且其识别流程是分步骤进行的。这意味着 Tesseract 通过一系列阶段来分析图像，逐步识别出文本字符，最终将图像中的文本内容转换为可编辑和可搜索的数据。在 ROS2 机器人中有 tesseract 开源库，我们可以执行命令直接安装。

ROS2 机器人使用 tesseract 库进行文本和数字识别，具体操作步骤如下。

（1）安装 tesseract 功能包，打开终端并执行“sudo apt-get install tesseract-ocr”命令，如图 4-47 所示。

我们可以执行“tesseract -v”命令来查看所安装的 tesseract 库的版本，应该看到 Tesseract 版本打印到屏幕上，以及 Tesseract 兼容的图像文件格式库列表，如图 4-48 所示。

```
create@ubuntu: ~
create@ubuntu:~$ sudo apt-get install tesseract-ocr
[sudo] password for create:
Reading package lists... Done
Building dependency tree
Reading state information... Done
tesseract-ocr is already the newest version (4.1.1+git4247-97079fa3-1ppa1~xenial
1).
The following packages were automatically installed and are no longer required:
  libtesseract3 linux-headers-4.13.0-36 linux-headers-4.13.0-36-generic
  linux-headers-4.15.0-136 linux-headers-4.15.0-136-generic
  linux-image-4.13.0-36-generic linux-image-4.15.0-136-generic
  linux-image-extra-4.13.0-36-generic linux-modules-4.15.0-136-generic
  linux-modules-extra-4.15.0-136-generic snapd-login-service
Use 'sudo apt autoremove' to remove them.
0 upgraded, 0 newly installed, 0 to remove and 144 not upgraded.
create@ubuntu:~$
```

图 4-47　安装 tesseract 功能包


```
create@ubuntu:~$ tesseract -v
tesseract 4.1.1-rc2-25-g9707
 leptonica-1.78.0
  libgif 5.1.4 : libjpeg 8d (libjpeg-turbo 1.4.2) : libpng 1.2.54 : libtiff 4.0.
6 : zlib 1.2.8 : libwebp 0.4.4 : libopenjp2 2.1.2
 Found AVX2
 Found AVX
 Found FMA
 Found SSE
 Found libarchive 3.1.2
create@ubuntu:~$
```

图 4-48　Tesseract 版本

（2）测试 Tesseract。事先准备好要进行识别的文字或数字图像，这里使用一段英文文字和手写数字来代替。将准备好的图像存放在 create_ws/src/create_line_follower 目录下，如 english.png 和 digital.png，执行“tesseract create_ws/src/create_line_follower/english.png 和 digital.png stdout”命令将识别到的文字打印到屏幕上，如图 4-49 所示。

```
create@ubuntu:~$ tesseract create_ws/src/create_line_follower/english.png stdout
(1) The brightness of the light source in the data collection
light room is kept consistent, and the light source controller is
used to adjust the setting;

(2) The setting of the exposure parameter value of the
industrial lens LED ring light source is consistent, use the light
source controller to adjust the setting;

(3) When collecting, the tomato is placed in the calibration
position of the information collection platform to ensure that the
distance between the data collected every time is the same; <

(4) Two sets of industrial cameras with ring light sources are
installed at a fixed location, the shooting distance is fixed, the
shooting angle is fixed and parallel to the collection object, and
the camera shooting parameters are kept consistent.
```

（a）

```
create@ubuntu:~$ tesseract create_ws/src/create_line_follower/digital.png stdout

1364
```

（b）

图 4-49　执行“tesseract create_ws/src/create_line_follower/english.png 和 digital.png stdout”命令

执行“tesseract create_ws/src/create_line_follower/english.png text.”命令，通过返回命令“Tesseract Open Source OCR Engine v4.1.1-rc2-25-g9707 with Leptonica”，可以在 text 文本中看到将图片内容通过 OCR 识别输出到了文本内，如图 4-50 所示。

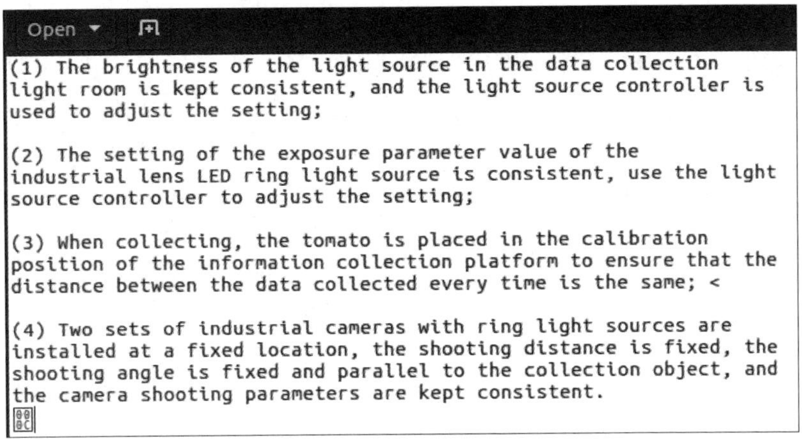
Open
(1) The brightness of the light source in the data collection light room is kept consistent, and the light source controller is used to adjust the setting;
(2) The setting of the exposure parameter value of the industrial lens LED ring light source is consistent, use the light source controller to adjust the setting;
(3) When collecting, the tomato is placed in the calibration position of the information collection platform to ensure that the distance between the data collected every time is the same; <
(4) Two sets of industrial cameras with ring light sources are installed at a fixed location, the shooting distance is fixed, the shooting angle is fixed and parallel to the collection object, and the camera shooting parameters are kept consistent.

图 4-50　图片内容通过 OCR 识别

通过以上效果可以看到，在 ROS2 机器人上的数字和文本识别准确率还是很高的。

4.5　ROS2 机器人视觉巡线

巡线机器人依托于移动机器人平台，通过集成机器视觉技术来实现机器人的自主导航和巡检功能。在视觉巡线过程中，机器人利用 OpenCV 库对捕获的图像进行滤波处理，以识别并定位标记线。在 ROS2 框架下，图像数据以 sensor_msgs/Image 消息格式发布，供系统内的其他组件订阅和处理。这种方式允许机器人在执行任务时，能够实时接收和处理视觉信息，以实现精确的路径跟踪和环境监测。要获得图像数据流，需要订阅指定的图像消息主题。与 opencv_apps 功能包相关案例类似，图像数据通过开启摄像头获取。本案例结合视觉信息识别黑色轨迹，对图像进行灰度变化和形态学处理后判断图像黑色中心位置，发送运动命令对机器人进行导航。

ROS2 机器人进行视觉巡线的具体操作步骤如下。

（1）把 ROS2 机器人平放在地面上，通过 ssh 连接到 ROS2 机器人后，启动 ROS2 机器人运动环境，打开终端并执行“ros2 launch create_base Start.launch”命令，如图 4-51 所示。

（2）打开新的终端进入 ssh 并连接 ROS2 机器人，执行“ros2 launch create_line_follower camera.launch”命令开启 ROS2 机器人摄像头，以便接收图像数据，如图 4-52 所示。

（3）在新的终端执行“ros2 launch create_line_follower searching_line.launch”命令，此时会弹出一个窗口，ROS2 机器人寻找黑色的线进行巡线。此时我们要调节摄像头角度尽量朝向地面，为保证运动轨迹与摄像头识别一致，可以修改 linedetect.py 代码中的中心点 cx 的判断范围，如图 4-53 所示。

```
createrobot@createrobot: ~
create@ubuntu:~$ ssh createrobot@192.168.78.117
createrobot@192.168.78.117's password:
Welcome to Ubuntu 16.04.7 LTS (GNU/Linux 4.9.80-v7+ armv7l)

 * Documentation:  https://help.ubuntu.com
 * Management:     https://landscape.canonical.com
 * Support:        https://ubuntu.com/advantage

31 个可升级软件包。
10 of these updates are security updates.
To see these additional updates run: apt list --upgradable

New release '18.04.5 LTS' available.
Run 'do-release-upgrade' to upgrade to it.

Last login: Fri Feb 12 01:52:26 2016 from 192.168.78.110
createrobot@createrobot:~$ ros2 launch create_base Start.launch
... logging to /home/createrobot/.ros/log/d2cbebfe-d0eb-11e5-8ea9-b827eb3ef306/r
oslaunch-createrobot-16323.log
Checking log directory for disk usage. This may take awhile.
Press Ctrl-C to interrupt
Done checking log file disk usage. Usage is <1GB.

started roslaunch server http://createrobot:36873/
```

图 4-51　执行“ros2 launch create_base Start.launch”命令


```
/home/rcrobot/catkin_ws/src/rcrobot_project/rcrobot/launch/camera.launch http://192
  discrete: 320x240:   1/30
  discrete: 640x480:   1/30
  discrete: 800x600:   1/21
  discrete: 1024x768:   1/13
  int (Brightness, 0, id = 980900): -64 to 64 (1)
  int (Contrast, 0, id = 980901): 0 to 64 (1)
  int (Saturation, 0, id = 980902): 0 to 128 (1)
  int (Hue, 0, id = 980903): -40 to 40 (1)
  bool (White Balance Temperature, Auto, 0, id = 98090c): 0 to 1 (1)
  int (Gamma, 0, id = 980910): 72 to 500 (1)
  int (Gain, 0, id = 980913): 0 to 100 (1)
  menu (Power Line Frequency, 0, id = 980918): 0 to 2 (1)
    0: Disabled
    1: 50 Hz
    2: 60 Hz
  int (White Balance Temperature, 16, id = 98091a): 2800 to 6500 (1)
  int (Sharpness, 0, id = 98091b): 0 to 6 (1)
  int (Backlight Compensation, 0, id = 98091c): 0 to 2 (1)
  menu (Exposure, Auto, 0, id = 9a0901): 0 to 3 (1)
  int (Exposure (Absolute), 16, id = 9a0902): 1 to 5000 (1)
  bool (Exposure, Auto Priority, 0, id = 9a0903): 0 to 1 (1)
Setting auto_focus is not supported
Setting focus_absolute is not supported
```

图 4-52　开启 ROS2 机器人摄像头

```
[ INFO] [1619350107.054574771]: Straight
On Track!
[ INFO] [1619350107.252758802]: Straight
[ INFO] [1619350107.452813044]: Straight
[ INFO] [1619350107.653867990]: Straight
[ INFO] [1619350107.853206921]: Straight
[ INFO] [1619350108.053928192]: Straight
Turn Left!
[ INFO] [1619350108.253111039]: Turning Left
[ INFO] [1619350108.453105562]: Turning Left
[ INFO] [1619350108.653556577]: Turning Left
[ INFO] [1619350108.853407470]: Turning Left
[ INFO] [1619350109.053019734]: Turning Left
Turn Left!
[ INFO] [1619350109.252702475]: Turning Left
I don't see the line
[ INFO] [1619350109.452877691]: Turning Left
```

图 4-53　ROS2 机器人寻找黑色的线进行巡线返回信息

第 5 章　ROS2 机器人激光雷达地图构建

学习目标

学会 ROS2 机器人的建图与导航。

5.1　ROS2 机器人激光雷达 SLAM 建图与导航

5.1.1　建图原理

移动机器人在环境中获取障碍物的具体位置、房间的内部轮廓等信息都是非常必要的，这些信息是机器人构建地图、进行导航的基础数据。机器人运动控制系统架构中，从基础到高级的层次结构依次是：Motor Speeds→Base Controller→Frame-Base Motion（/cmd_vel+/odom+move_base）→Frame-Base Motion（Path Planner+AMCL）→Goal。总结起来如图 5-1 所示。

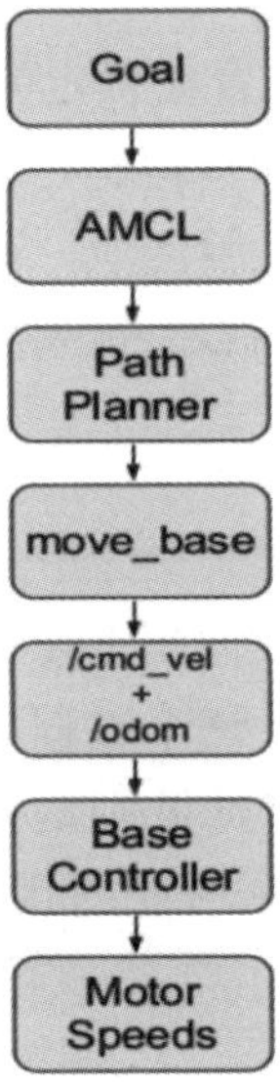

图 5-1　机器人运动控制系统架构

机器人运动控制系统可以简化为 3 个主要层次：基础控制层、通信层和决策层。基础控制层负责机器人的电机驱动和控制，通信层作为基础控制层与决策层之间的信息传递通道，决策层则负责机器人的地图构建、定位和导航任务。在已有的基础控制层之上，可以利用 ROS2 提供的 Gmapping 包和 Navigation 套件来构建机器人的决策层。

Gmapping 算法是 ROS2 中对 openslam 社区 Gmapping 算法的 C++实现，它通过高效的 Rao-Blackwellized 粒子滤波方法，将激光雷达收集到的数据转换成栅格地图。SLAM

（Simultaneous Localization and Mapping，同时定位与地图构建）是一种将定位和建图两个过程结合在一起的技术，通过相互迭代反馈来优化各自的连续解。

占据栅格地图的构建主要采用粒子滤波方法。粒子滤波是一种非参数化滤波器，它不依赖于高斯分布的假设，也不需要固定的后验方程来估计状态，而是通过从后验概率中抽取随机状态粒子来表达其分布。粒子滤波基于蒙特卡罗方法，适用于各种状态空间模型，其核心是通过随机状态粒子来表达后验概率分布，采用序贯重要性采样法。简而言之，粒子滤波通过在状态空间中传播的随机样本来近似概率密度函数，用样本均值代替积分运算，以获得状态的最小方差分布。随着样本数量的增加，粒子滤波可以逼近任何形式的概率分布，这解决了非线性滤波中随机量必须满足高斯分布的问题，具有更强的非线性特性建模能力，因此能更精确地表达后验概率分布，适用于 SLAM 问题。

在粒子滤波中，每个粒子代表时刻 t 的一个状态实例，即对 t 时刻真实状态的一个假设。粒子总数 M 是一个较大的数字，它可能与时刻 t 或其他与状态概率密度相关的因素有关。粒子滤波通过一组粒子来估计状态概率，理论上，粒子集中，一个假设状态粒子的概率应与贝叶斯滤波器在 t 时刻的后验概率成比例。粒子滤波的主要步骤包括：初始化阶段、转移阶段、决策阶段、重采样阶段、滤波和地图生成。通过这些步骤，粒子滤波能够估计出近似的状态概率分布。

1. 初始化阶段

确定粒子数目后，粒子被均匀地布置在预定的区域中。这个区域可以是人为定义的，也可以通过特定的特征识别算法自动计算得出，例如在人脸追踪中，可以通过人工标记人脸位置或运用人脸识别技术来确定人脸区域。对于 SLAM 应用而言，这个区域通常是用于定位的地图，在 SLAM 的初始化阶段，需要将一定数量的粒子均匀地分布在整个地图上。

2. 转移阶段

在粒子滤波的转移阶段，任务是依据状态转移模型对每个粒子进行状态预测，从而为每个粒子生成一个对应的预测状态。这个过程与卡尔曼滤波的原理相似，区别在于卡尔曼滤波是对单一状态进行估计，粒子滤波则是对众多样本（即每个粒子）进行状态估计。简而言之，粒子滤波通过考虑多个可能的状态样本来捕捉系统的整体状态分布。

3. 决策阶段

在粒子滤波的决策或校正阶段，算法会对每个预测粒子的准确性进行评估。粒子的权重与其接近真实状态的程度成正比，即与真实状态越接近的粒子获得的权重越高，而与真实状态差异较大的粒子权重则越低。这一步骤是为后续的重采样阶段做准备。

在 SLAM 的应用中，粒子权重的确定方法多样。例如，机器人在移动过程中，通过激光雷达或深度摄像头获取的环境信息可以用来与粒子的预期位置进行比较。如果实际返回的信息与预期值有较大偏差，或者某些粒子在理论上不应该与障碍物接触，但在实际运算中却显示与障碍物接触或穿越了边界，这些粒子就被认为是不良粒子，它们的权重会相应降低。通过这种方式，粒子滤波能够识别并强调那些更可能代表真实状态的粒子，为精确的状态估计提供基础。

4. 重采样阶段

在粒子滤波的重采样阶段，目的是根据粒子的权重进行筛选，以确保样本集合能够更好地反映后验概率分布。这一过程中，既要保留那些权重较高的粒子，也要保留一定比例的权重较低的粒子，以防过早地收敛到局部最优解。由于权重较低的粒子可能会被剔除，为了维持粒子总数，会在权重较高的粒子附近生成新的粒子以补充被移除的粒子。这样可以确保粒子集合的多样性，同时让权重较大的粒子对状态估计有更大的影响。

5. 滤波

在粒子滤波过程中，经过重采样得到的粒子被用于下一次的状态预测。具体来说，这些粒子被输入状态转移方程中，生成新的预测粒子集合。随后，这些新预测的粒子会经历连续的转移、评估（决策）和重采样循环。通过这种迭代过程，大多数粒子将逐渐集中于真实状态值附近的区域，从而精确地确定机器人的位置，完成定位任务。

6. 地图生成

在粒子滤波的框架下，每个粒子都记录了一条路径，这条路径反映了从初始状态到当前状态的一系列运动。随着整个 SLAM 过程的进行，我们通过评估所有粒子的性能来选择表现最佳的粒子。选择最优粒子后，可以依据其所记录的路径信息，构建出规划区域的栅格地图。这个过程确保了地图的准确性，因为它是基于最有可能接近真实状态的粒子路径生成的。

5.1.2 Gmapping 建图

在激光 SLAM 系统中，框架的核心功能是通过 Gmapping 模块处理激光雷达扫描数据和里程计信息，以动态创建 2D 栅格地图。随后，导航包利用这些地图数据、里程计信息和激光雷达数据进行路径规划和机器人定位，最终将规划结果转换为机器人的移动命令。图 5-2 展示了激光 SLAM 系统的架构，其中方框表示传感器数据或处理后的数据，椭圆表示 ROS2 中的各个节点。

1. 数据输入

在 ROS2 环境下，Gmapping 包负责接收激光雷达和里程计的数据输入，并将其传递给 openslam 的 Gmapping 算法，以此作为构建新时刻地图的基础。这个过程是 SLAM 系统中地图构建的关键步骤。

2. 运动模型

在 ROS2 Gmapping 包中，系统通过结合前一时刻（t–1）的粒子位姿和里程计数据来预测当前时刻（t）的粒子位姿。这个过程会在初始位姿的基础上增加一个高斯分布采样产生的噪声点，即 noisypoint，以此来模拟真实世界中的不确定性和误差。

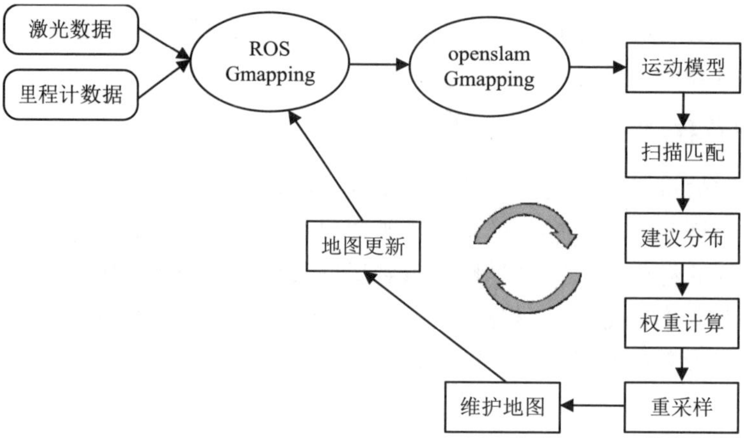

图 5-2 激光 SLAM 系统的架构

3. 扫描匹配

在 Gmapping 中，对每个粒子应用扫描匹配算法是标准流程，该算法默认使用 30 个采样粒子。扫描匹配的核心目的是确定每个粒子在当前时刻 t 的最优位置和方向。这一步骤是为后续粒子权重的更新打基础。如果扫描匹配无法成功执行，那么粒子权重的更新将回退到使用默认的似然估计方法。简而言之，扫描匹配是粒子滤波 SLAM 中关键的一步，它直接影响粒子权重的准确性和最终的定位效果。

4. 建议分布

结合了运动和观测模型的建议分布，基于扫描匹配确定的最佳坐标，选取一定数量的位置样本（这些样本与最佳坐标的距离差小于预设的阈值），并计算这些样本的均值和方差。随后，调整当前粒子的位置，使其符合具有该均值和方差的高斯分布。这一过程确保了粒子位置的更新既考虑了运动模型的预测，又融合了观测模型的信息，提高了粒子滤波的准确性和鲁棒性。

5. 权重计算

对各个粒子的权重进行更新，更新之后还需进行归一化操作。注意：重采样前更新过一次，重采样后又更新过一次。

6. 重采样

在粒子滤波 SLAM 系统中，重采样是一个关键步骤，用于解决粒子多样性降低的问题，即粒子退化。重采样的频率越高，表明粒子退化越严重，这会导致建图的精确度降低。为了改善这一问题，通常会设定一个判定值，即有效粒子数（Neff），来判断是否需要进行重采样。

Neff 是衡量粒子滤波器精度和计算效率的一个指标，它表示粒子滤波器中有效粒子数的比例。Neff 的值越大，说明粒子滤波器的精度越高，计算效率越好，因此不需要进行重采样；Neff 的值越小，说明粒子滤波器的精度越低，计算效率越差，这时就需要进行重采样。通常情况下，当 Neff 小于某个阈值（如 0.5～1）时，就需要进行重采样以保证粒子滤波器的性能。通过这种方式，可以确保粒子滤波 SLAM 系统在建图过程中保持较高的精度和效率。

7. 维护地图

在粒子滤波 SLAM 系统中，每个粒子都记录了自己的运动轨迹，相当于各自维护了一份局部地图。在系统的更新阶段，会对每个粒子所维护的地图进行更新操作，以反映最新的环境信息和机器人的移动情况。这一过程确保了每个粒子的地图信息与实际环境保持一致，从而为后续的定位和建图提供准确的数据支持。

8. 地图更新

在 ROS2 中进行地图更新时，首先需要确定最优粒子，这通常是通过比较粒子的权重和 weightSum 来判断的。一旦确定了最优粒子，就可以获得机器人的最优轨迹。接下来，地图会进行膨胀更新，这一过程涉及地图的膨胀层（InflationLayer），它根据机器人的体积和障碍物的距离来调整地图上障碍物的表示。地图膨胀的目的是模拟机器人的实际占用空间，防止机器人在移动过程中碰撞到障碍物，即使在地图上障碍物看起来并不在机器人的路径上。通过这种方式，地图更新不仅反映了机器人的位置和环境的变化，还考虑了机器人的物理尺寸，从而提高了导航的安全性和准确性。

5.1.3 ROS2 机器人 Gmapping 建图具体步骤

（1）使用 ssh 命令连接到 ROS2 机器人 IP，启动 ROS2 机器人 Gmapping 建图方法，执行“ros2 launch create_nav auto_gmapping.launch”命令开启建图环境，如图 5-3 所示。

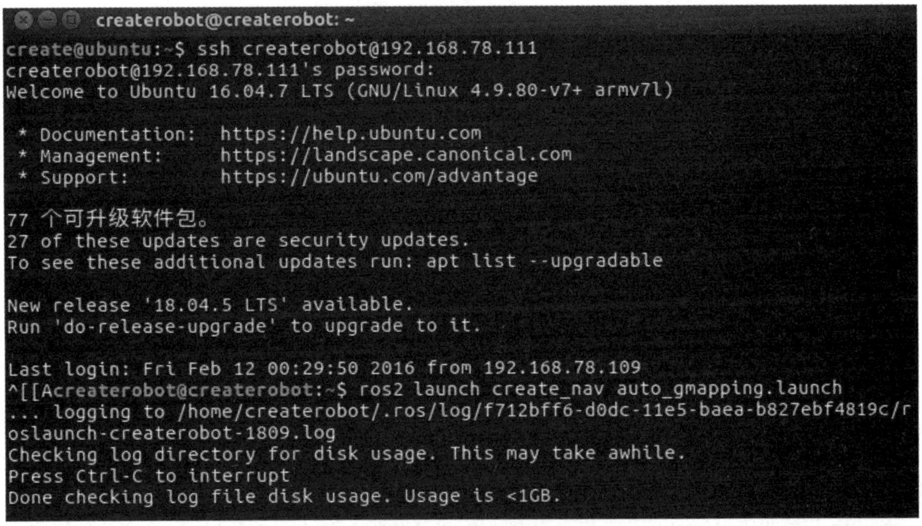
createrobot@createrobot: ~
create@ubuntu:~$ ssh createrobot@192.168.78.111
createrobot@192.168.78.111's password:
Welcome to Ubuntu 16.04.7 LTS (GNU/Linux 4.9.80-v7+ armv7l)
* Documentation: https://help.ubuntu.com
* Management: https://landscape.canonical.com
* Support: https://ubuntu.com/advantage
77 个可升级软件包。
27 of these updates are security updates.
To see these additional updates run: apt list --upgradable
New release '18.04.5 LTS' available.
Run 'do-release-upgrade' to upgrade to it.
Last login: Fri Feb 12 00:29:50 2016 from 192.168.78.109
^[[Acreaterobot@createrobot:~$ ros2 launch create_nav auto_gmapping.launch
... logging to /home/createrobot/.ros/log/f712bff6-d0dc-11e5-baea-b827ebf4819c/roslaunch-createrobot-1809.log
Checking log directory for disk usage. This may take awhile.
Press Ctrl-C to interrupt
Done checking log file disk usage. Usage is <1GB.

图 5-3　开启建图环境

（2）auto_gmapping.launch 文件启动后，使用 RViz 工具查看 ROS2 机器人建图过程。

打开新的终端并执行“ros2 launch create_nav navigation_rviz.launch”命令加载 ROS2 机器人建图模型，如图 5-4 所示。

```
create@ubuntu:~$ ros2 launch create_nav navigation_rviz.launch
... logging to /home/create/.ros/log/ade73cee-d0dc-11e5-a2d3-b827ebf4819c/roslaunch-ubuntu-2567.log
Checking log directory for disk usage. This may take awhile.
Press Ctrl-C to interrupt
Done checking log file disk usage. Usage is <1GB.

started roslaunch server http://192.168.78.109:45661/

SUMMARY
========

PARAMETERS
 * /robot_description: <?xml version="1....
 * /rosdistro: kinetic
 * /rosversion: 1.12.17

NODES
  /
    robot_state_publisher (robot_state_publisher/robot_state_publisher)
    rviz (rviz/rviz)
    voxel_visualizer (costmap_2d/costmap_2d_markers)

ROS_MASTER_URI=http://192.168.78.111:11311

process[rviz-1]: started with pid [2576]
process[voxel_visualizer-2]: started with pid [2577]
process[robot_state_publisher-3]: started with pid [2578]
```


图 5-4 执行“ros2 launch create_nav navigation_rviz.launch”命令

此时，在加载出来的 RViz 中可以看到，机器人模型和雷达数据出现在画面中，还有部分灰色区域，这相当于机器人的视野，现在构建地图的准备工作已就绪，如图 5-5 所示。

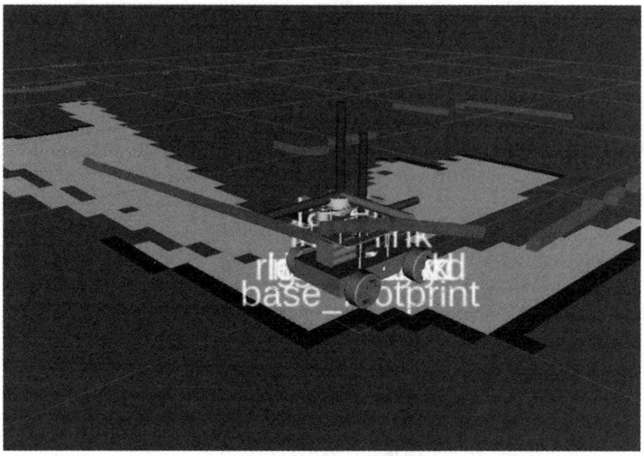

图 5-5 机器人模型和雷达数据画面

（3）为了让 ROS2 机器人雷达获得数据，打开新的终端执行 ROS2 机器人运动代码“ros2 launch teleop_twist_keybord teleop_twist_keybord.py”，如图 5-6 所示。

将 ROS2 机器人放在地面上，控制机器人运动获得每个地点的雷达数据。随着 ROS2 机器人在房间内的移动，可以看到在 RViz 可视化工具中，环境地图在不断构建，如图 5-7 所示。

```
create@ubuntu:~$ros2 launch teleop_twist_keyboard teleop_twist_keyboard.py

Reading from the keyboard  and Publishing to Twist!
---------------------------
Moving around:
   u    i    o
   j    k    l
   m    ,    .

For Holonomic mode (strafing), hold down the shift key:
---------------------------
   U    I    O
   J    K    L
   M    <    >

t : up (+z)
b : down (-z)

anything else : stop

q/z : increase/decrease max speeds by 10%
w/x : increase/decrease only linear speed by 10%
e/c : increase/decrease only angular speed by 10%

CTRL-C to quit

currently:      speed 0.3       turn 0.5
```

图 5-6　执行“ros2 launch teleop_twist_keybord teleop_twist_keybord.py”命令

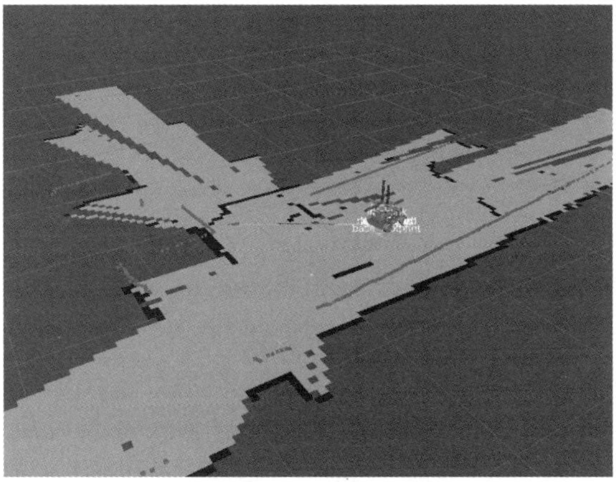

图 5-7　环境地图构建

为保证构建地图完善，ROS2 机器人最好走过房间内每个地点并短暂停留，在地图构建完成之后，用户可以通过在新的终端中执行“ros2 launch map_server map_saver -f my_map”命令来保存地图，如图 5-8 所示。这个命令会启动 map_server 和 map_saver 节点，并将构建好的地图保存为名为 my_map 的文件。这里的-f 参数用于指定保存的地图文件名。

```
create@ubuntu: ~
create@ubuntu:~$ros2 launch map_server map_saver -f my_map
[ INFO] [1619606254.446606605]: Waiting for the map
[ INFO] [1619606257.970769450]: Received a 1984 X 1984 map @ 0.050 m/pix
[ INFO] [1619606257.970825114]: Writing map occupancy data to my_map.pgm
[ INFO] [1619606258.053055367]: Writing map occupancy data to my_map.yaml
[ INFO] [1619606258.053230690]: Done

create@ubuntu:~$
```

图 5-8　执行“ros2 launch map_server map_saver -f my_map”命令

执行完上述命令后会在目录下生成一个用来保存地图的.pgm 文件和一个用来存储参数的.yaml 文件。本教材构建好的地图如图 5-9 所示。

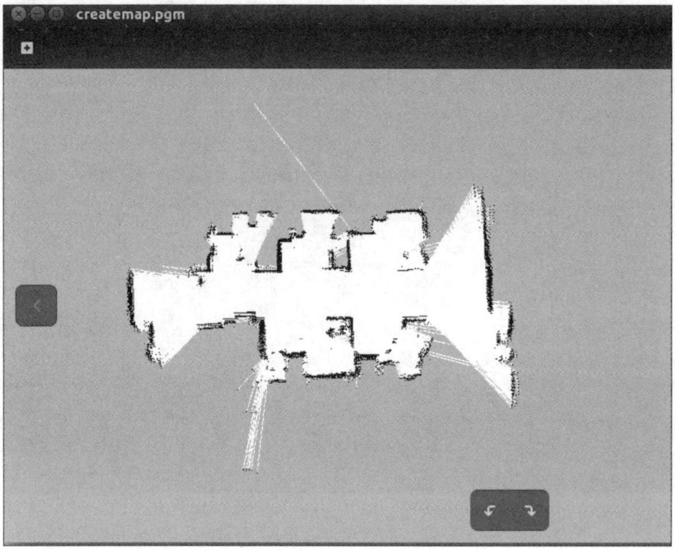

图 5-9　构建好的地图

5.2　ROS2 机器人雷达跟随

在机器人导航领域，激光雷达、摄像机、声呐、红外线传感器及碰撞开关等设备扮演着类似人类感官的角色。它们为机器人提供了感知周围环境的能力，类似于人类的视觉、听觉和触觉等感官功能，而在 ROS2 中激光雷达是比较常用的一种。

RPLIDAR 是思岚科技自主研发的激光雷达，目前有 RPLIDAR A1/A2/A3/RPLIDAR S2 等成熟的商业激光雷达产品，如表 5-1 所示。五款产品均可从官网获取相应的 SDK 和开发指导文档。其中，SLAMTEC Mapper 是思岚科技最新推出的一款集成激光雷达产品，它具备实时地图构建和定位功能。该产品整合了思岚科技第三代的高性能 SLAM 技术与激光雷达技术，无须依赖任何外部设备，可实现开机即用。SLAMTEC Mapper 广泛应用于机器人导航定位、环境测绘及手持测量等多个领域。

激光雷达的相关配置保存在 rplidar_ROS2 功能包中。rplidar_ROS2 是国内第一款面向全球 ROS2 开发者推出相应 package 的激光雷达，超高的性价比大大推动了 RPLIDAR 在 ROS2 中的使用，为国内服务机器人的移动导航和避障相关技术的发展和人才储备起了很大的推动作用。ROS2 之所以能够很好地在开发者中间推广，主要是因为它建立了一套通用的通信框架和操作系统服务，开发者只需遵循既定的通信协议，并专注于相应的数据接口，即可实现各自模块的功能。这种方法有效减少了机器人开发中重复劳动的烦琐过程，避免了不必要的资源浪费，使开发工作更加高效。任何一个 ROS2 生态里的 package，往往只需找到相应的 Wiki 和 GitHub 页面，就可以清楚地了解其数据接口和内部的实现。

表 5-1 激光雷达产品

系列	三角测距				TOF 测距
型号	A1	A2		A3	S2

型号	A1M8	A2M8	A2M6	A3M1	S2L
推荐应用	智能扫地家用机器人	商用或消费类机器人 3D 建模多点触摸		商用机器人 室内外均可使用	商用机器人 室内外均可使用
测量半径	12m	12m	18m	25m	0.05～18m
采样频率	2～8kHz	2～8kHz		2～16kHz	32kHz
电机旋转频率	5.5Hz	5～15Hz		5～20Hz	10Hz
基于光磁融合	√	√		√	√
电机	有刷	无刷		无刷	无刷
是否内置电机驱动	×	√		√	√
机械尺寸	97mm×71mm×51mm	Φ76mm×41mm		Φ76mm×41mm	77mm×77mm×38.85mm
重量	170g	190g		190g	190g
输出	UART 串口 （3.3V 电平）	UART 串口 （3.3V 电平）		UART 串口 （3.3V 电平）	UART 串口 （5V 电平）

rplidar_ROS2 在 ROS2 中的通信接口主要有一个主题（/scan）和两个服务（stop_motor 和 start_motor）。/scan 主题主要用于发布来自雷达的距离测量信息，这些信息以 sensor_msgs/LaserScan 格式的消息传输。在 ROS2 中，负责避障或 SLAM 等功能的包会订阅这个主题，利用雷达数据来执行地图构建或避障任务。这种方式允许不同功能模块高效地利用雷达数据，实现各自的导航和环境感知功能。stop_motor 和 start_motor 服务主要用于客户端调用服务器端关闭和启动雷达的接口，使系统可以依据需要选择关闭和开启雷达。

rplidar_ROS2 给出的 rplidar.launch，实际使用中依据具体的使用关注的参数主要有端口号（serial_port）、坐标系名称（frame_id）、正反装（inverted）。RPLIDAR 是一款激光雷达设备，其 SDK 默认输出的数据是基于左手坐标系的，其中角度数据是按照顺时针方向旋转的。而在 ROS2 环境中，rplidar_ROS2 包已经将这些数据转换成了右手坐标系输出，以符合 ROS 中的标准约定。这种转换确保了激光雷达数据能够无缝地与其他 ROS2 节点和功能模块集成，如避障和 SLAM 等，这些模块依赖于标准化的坐标系来正确解释雷达数据。雷达数据坐标系参照雷达数据线的位置（A2）/形状（A1）判断，如图 5-10 和图 5-11 所示。

本教材所使用的 ROS2 机器人搭载的是 RPLIDAR A1 型号雷达。使用 ROS2 雷达进行步态跟随的操作步骤如下。

（1）ssh 连接到 ROS2 机器人后，启动 ROS2 机器人环境，执行“ros2 launch create_base Start.launch”命令，开启 ROS2 机器人工作环境，如图 5-12 所示。

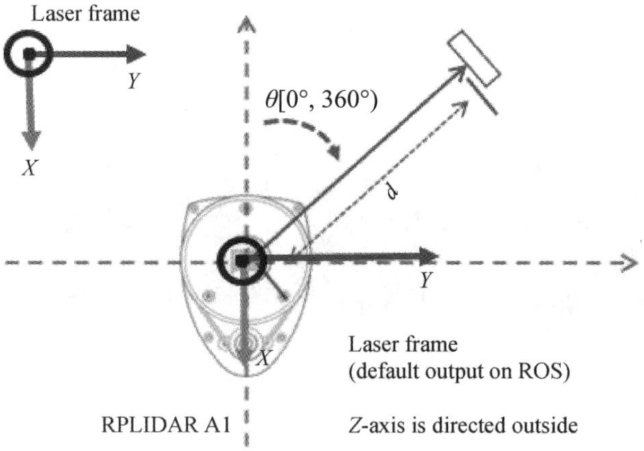

图 5-10　RPLIDAR A1

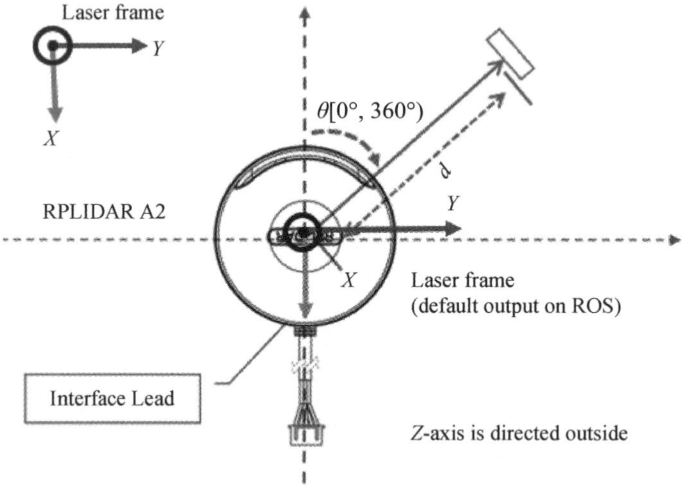

图 5-11　RPLIDAR A2

```
createrobot@createrobot: ~
create@ubuntu:~$ ssh createrobot@192.168.78.117
createrobot@192.168.78.117's password:
Welcome to Ubuntu 16.04.7 LTS (GNU/Linux 4.9.80-v7+ armv7l)

 * Documentation:  https://help.ubuntu.com
 * Management:     https://landscape.canonical.com
 * Support:        https://ubuntu.com/advantage

31 个可升级软件包。
10 of these updates are security updates.
To see these additional updates run: apt list --upgradable

New release '18.04.5 LTS' available.
Run 'do-release-upgrade' to upgrade to it.

Last login: Fri Feb 12 01:52:26 2016 from 192.168.78.110
createrobot@createrobot:~$ ros2 launch create base Start.launch
... logging to /home/createrobot/.ros/log/d2cbebfe-d0eb-11e5-8ea9-b827eb3ef306/r
oslaunch-createrobot-16323.log
Checking log directory for disk usage. This may take awhile.
Press Ctrl-C to interrupt
Done checking log file disk usage. Usage is <1GB.

started roslaunch server http://createrobot:36873/
```

图 5-12　开启 ROS2 机器人工作环境

（2）打开新的终端并通过 ssh 连接 ROS2 机器人，执行“ros2 launch create_lidar_follower laser_follower.launch”命令，此时 ROS2 机器人雷达开启订阅雷达数据，如图 5-13 所示。

```
createrobot@createrobot:~$ ros2 launch create_lidar_follower laser_follower.launch
... logging to /home/createrobot/.ros/log/7f1a195e-d0dc-11e5-9f33-b827ebf4819c/roslaunch-createrobot-21092.log
Checking log directory for disk usage. This may take awhile.
Press Ctrl-C to interrupt
Done checking log file disk usage. Usage is <1GB.

started roslaunch server http://createrobot:41699/

SUMMARY
========

PARAMETERS
 * /follower/PID_controller/D: [0.0, 0.0]
 * /follower/PID_controller/I: [0.07, 0.04]
 * /follower/PID_controller/P: [0.7, 0.6]
 * /follower/controllButtonIndex: -4
 * /follower/maxSpeed: 0.4
 * /follower/switchMode: True
 * /follower/targetDist: 0.5
 * /laser_tracker/deltaDist: 0.2
 * /laser_tracker/winSize: 2
 * /rosdistro: kinetic
 * /rosversion: 1.12.17
 * /rplidarNode/angle_compensate: True
 * /rplidarNode/frame_id: laser
 * /rplidarNode/inverted: False
 * /rplidarNode/serial_baudrate: 115200
 * /rplidarNode/serial_port: /dev/createlidar
```

图 5-13　ROS2 机器人雷达开启订阅雷达数据

我们可以通过设置相关参数来改变 ROS2 机器人步态跟随的效果，感兴趣的读者可以试着调试一下。当机器人雷达开启后，laserTracker.py 开始订阅雷达数据 scan。数据经过处理后，ROS2 发布速度运动主题 cmd_vel，如图 5-14 所示。

```
process[rplidarNode-1]: started with pid [21303]
process[laser_tracker-2]: started with pid [21306]
process[follower-3]: started with pid [21308]
[ INFO] [1619513547.487635261]: RPLIDAR running on ROS package rplidar_ros. SDK Version:1.12.0
RPLIDAR S/N: C0989A86C0E09CC9A2E09DF7524A3079
[ INFO] [1619513549.999567589]: Firmware Ver: 1.29
[ INFO] [1619513550.001192370]: Hardware Rev: 7
[ INFO] [1619513550.005275051]: RPLidar health status : 0
[ INFO] [1619513550.561478261]: current scan mode: Sensitivity, max_distance: 12.0 m, Point number: 7.9K , angle_compensate: 2
[WARN] [1619513551.949527]: laser no object found
[WARN] [1619513551.952360]: laser:nothing found
```

图 5-14　ROS2 发布速度运动主题 cmd_vel

（3）此时站到机器人雷达前面，缓步前后左右行走即可发现 ROS2 机器人会跟随行走的方向移动，注意最好是在空旷的地方实验，因为机器人跟随的是离它最近的障碍物，环境复杂会影响机器人的跟随。

5.3　ROS2 机器人 SLAM 激光导航

5.3.1　导航的基本原理

激光 SLAM 导航，指的是使用激光雷达采集的数据进行建图与定位（SLAM），并在构建的环境地图中自动导航（规划+控制）。Navigation 包是 ROS2 中的一个集成包，它负责接收里程计信息、传感器数据和目标位姿，并输出安全的速度命令到运动平台，以实现 2D 导航功能。

1. 定位

在机器人导航系统中，Navigation 包集成了多种功能，用于实现 2D 导航。其中，amcl 包扮演着定位系统的角色，它使用概率方法来确定机器人在已知地图中的位置。AMCL 是一种自适应蒙特卡罗定位系统，以 2D 方式对移动机器人进行定位，它通过粒子滤波技术跟踪机器人在地图中的姿态。这种系统能够根据激光雷达数据和里程计数据，输出机器人在地图中的位姿，为避障或 SLAM 等后续功能提供基础。amcl 包的集成使得机器人导航过程中的定位变得更加精确和可靠。图 5-15 显示了用里程计和 AMCL 定位的不同之处，AMCL 估计 base 结构（机器人）相当于 global 结构（世界地图）TF 转换（ROS2 中的坐标系转换）。从本质上，这种转换利用航位推算来处理漂移，所发布的转换是远期的。

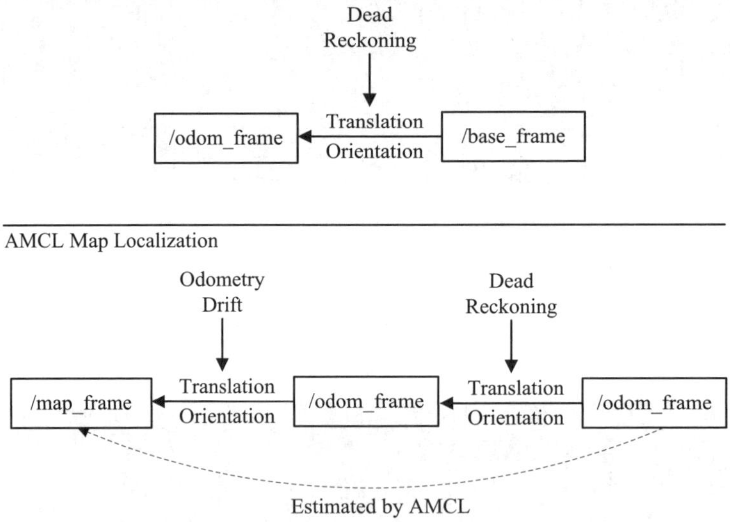

图 5-15 里程计和 AMCL 定位的不同之处

2. 路径规划

在机器人导航系统中，路径规划任务通常由 move_base 包来执行。这个包能够利用机器人的周边信息，例如激光雷达的扫描数据，来生成全局代价地图和局部代价地图。这些代价地图帮助机器人评估不同路径的安全性和可行性，从而规划出避开障碍物的路线，并确保机器人能够安全地到达预定目的地。通过这种方式，move_base 包为机器人提供了一种有效的路径规划和避障机制。move_base 的路径规划主要分为全局规划和局部规划，分别采用的是 A*（A-Star）算法和 DWA（Dynamic Window Approach）算法。

A*算法是一种在静态网络中寻找最短路径的高效直接搜索方法，适用于解决众多搜索问题。该算法的性能在很大程度上取决于距离估算的准确性：估算值与实际路径长度越接近，算法的搜索效率就越高。公式表示为：

$$f(n)=g(n)+h(n)$$

其中，$f(n)$是从初始状态经由状态 n 到目标状态的估计代价；$g(n)$是在状态空间中从初始

状态到状态 n 的实际代价；$h(n)$是从状态 n 到目标状态的最佳路径的估计代价。对于路径搜索问题，状态就是图中的节点，代价就是距离。

$h(n)$的选取：保证找到最短路径（最优解的）条件，关键在于估价函数 $f(n)$的选取（或者说 $h(n)$的选取）。我们以 $d(n)$表达状态 n 到目标状态的距离，那么 $h(n)$的选取大致有如下 3 种情况。

（1）如果 $h(n) < d(n)$，这种情况下，搜索的点数多，搜索范围大，效率低，但能得到最优解。

（2）如果 $h(n)=d(n)$，即距离估计 $h(n)$等于最短距离，那么搜索将严格沿着最短路径进行，此时的搜索效率是最高的。

（3）如果 $h(n)>d(n)$，搜索的点数少，搜索范围小，效率高，但不能保证得到最优解。

DWA 算法是一种局部路径规划方法，核心在于在速度空间(v, w)中进行采样，以生成多个可能的速度组合。这些速度组合随后被用来模拟机器人在一定时间内的运动轨迹。通过一个评价函数对这些轨迹进行评分，最终选择评分最高的轨迹对应的速度，以控制机器人的运动。

DWA 算法的动态窗口是指在给定机器人的加减速性能限制下，确定一个可行的速度采样空间。这个空间是动态变化的，因为机器人在不同时间的速度空间会有所不同，这取决于机器人当前的速度、加速度限制及障碍物的位置。

在实际应用中，DWA 算法会考虑机器人的最大和最小速度限制、电机性能影响及障碍物对速度的影响。这些因素共同决定了机器人在特定时刻的速度空间范围。算法通过模拟在该速度空间内的速度组合下机器人的运动轨迹，并使用评价函数来评估每条轨迹的优劣，最终选择最优的轨迹来指导机器人的行动。

5.3.2 SLAM 与导航系统构架

导航系统可以划分为几个关键层次：① 数据采集层，负责收集传感器数据；② 全局规划层，由 global_planner 组成，负责制定全局路径；③ 局部规划层，由 local_planner 构成，处理近距离路径规划；④ 行为层，它结合机器人的当前状态和上层命令来决定机器人的即时行为；⑤ 控制器层，负责与机器人的下位机进行通信。

在使用 navigation 栈进行导航时，move_base 模块作为核心，协调整个导航流程。它负责初始化 costmap 和 planner，监控导航状态，并在必要时切换导航策略。move_base 的实现基于有限状态机，定义了多种恢复行为（recovery_behaviors），以应对机器人在导航过程中可能遇到的问题。其工作流程大致如下。

（1）move_base 启动 global_planner 和 local_planner，这两个规划器分别负责全局路径规划和局部路径规划，并利用 costmap 组件生成全局代价地图（global_costmap）和局部代价地图（local_costmap）。

（2）全局路径规划器计算从当前位置到目标位置的路径，通常采用基于栅格地图的 cost 搜索算法来寻找最优路径。这种方法通过评估不同路径的成本来确定最佳路线，同时避开高成本（即障碍物密集）区域。

（3）通过局部规划，负责做局部避障的规划，具体在 navigation 中实现的算法是 Dynamic Windows Approach，具体流程如下。

① 由移动底盘的运动学模型得到速度的采样空间。

② 在采样空间中，计算每个样本的目标函数。

③ 得到期望速度，插值成轨迹输出。

④ 在机器人运行过程中，根据机器人的状态做出规划（唤醒规划器）、操作（计算合法速度并发布）、清理（recovery_behavior）等操作。

5.3.3 ROS2 机器人导航具体步骤

（1）打开终端通过“ssh+ROS2 机器人 IP”访问 ROS2 机器人主机，执行“ros2 launch create_nav navigation.launch”命令启动导航文件，如图 5-16 所示。

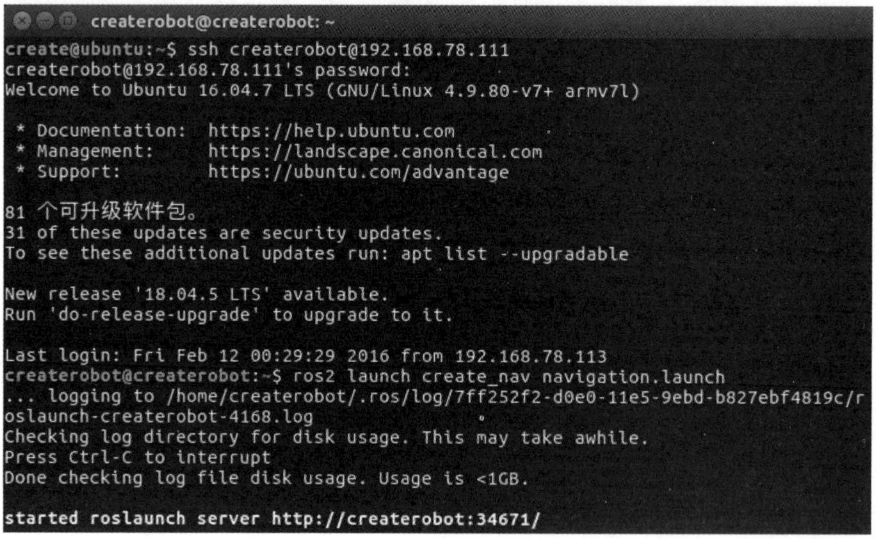
createrobot@createrobot: ~
create@ubuntu:~$ ssh createrobot@192.168.78.111
createrobot@192.168.78.111's password:
Welcome to Ubuntu 16.04.7 LTS (GNU/Linux 4.9.80-v7+ armv7l)
* Documentation: https://help.ubuntu.com
* Management: https://landscape.canonical.com
* Support: https://ubuntu.com/advantage
81 个可升级软件包。
31 of these updates are security updates.
To see these additional updates run: apt list --upgradable
New release '18.04.5 LTS' available.
Run 'do-release-upgrade' to upgrade to it.
Last login: Fri Feb 12 00:29:29 2016 from 192.168.78.113
createrobot@createrobot:~$ ros2 launch create_nav navigation.launch
... logging to /home/createrobot/.ros/log/7ff252f2-d0e0-11e5-9ebd-b827ebf4819c/roslaunch-createrobot-4168.log
Checking log directory for disk usage. This may take awhile.
Press Ctrl-C to interrupt
Done checking log file disk usage. Usage is <1GB.
started roslaunch server http://createrobot:34671/

图 5-16　启动导航文件

在 navigation.launch 文件中，可以修改地图参数为之前 SLAM 创建好的地图，这里使用的是 Gmapping 算法建立的地图 createmap.yaml。

（2）navigation.launch 文件启动后，执行“ros2 launch create_nav navigation_rviz.launch”命令利用 RViz2 可视化工具加载创建好的 createmap 地图，如图 5-17 所示。

RViz2 打开地图后看到已经加载好房间内的环境地图，这与之前利用 Gmapping 算法创建的地图一致，如图 5-18 所示。

（3）现在导航的准备工作已完成，选择房间内某一点将 ROS2 机器人放置在该点处，选择 RViz 工具栏上方的 2D Pose Estimate 设置机器人的原始位置和指向所朝方向，以校正位姿。单击选择初始位置，出现带方向的绿色箭头。再次选择工具上方的 2D Nav Goal 作为机器人行进的终点，同样出现带方向的绿色箭头。全部完成后，ROS2 机器人开始朝着目标方向前进。

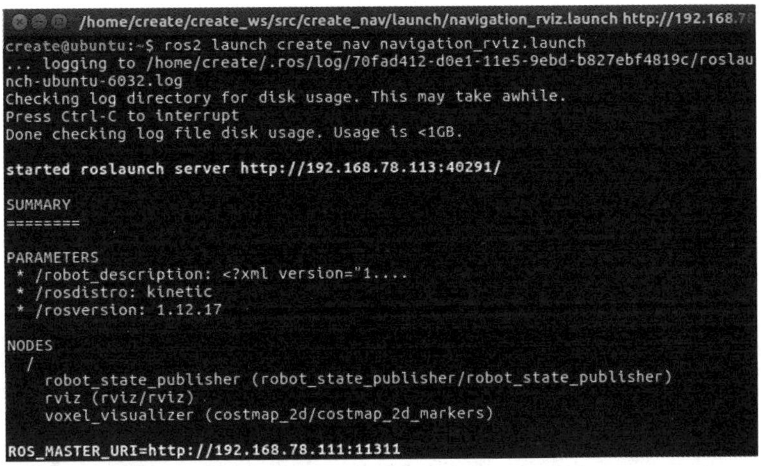
/home/create/create_ws/src/create_nav/launch/navigation_rviz.launch http://192.168.7
create@ubuntu:~$ ros2 launch create_nav navigation_rviz.launch
... logging to /home/create/.ros/log/70fad412-d0e1-11e5-9ebd-b827ebf4819c/roslau
nch-ubuntu-6032.log
Checking log directory for disk usage. This may take awhile.
Press Ctrl-C to interrupt
Done checking log file disk usage. Usage is <1GB.
started roslaunch server http://192.168.78.113:40291/
SUMMARY
========
PARAMETERS
* /robot_description: <?xml version="1....
* /rosdistro: kinetic
* /rosversion: 1.12.17
NODES
/
robot_state_publisher (robot_state_publisher/robot_state_publisher)
rviz (rviz/rviz)
voxel_visualizer (costmap_2d/costmap_2d_markers)
ROS_MASTER_URI=http://192.168.78.111:11311

图 5-17　执行“ros2 launch create_nav navigation_rviz.launch”命令

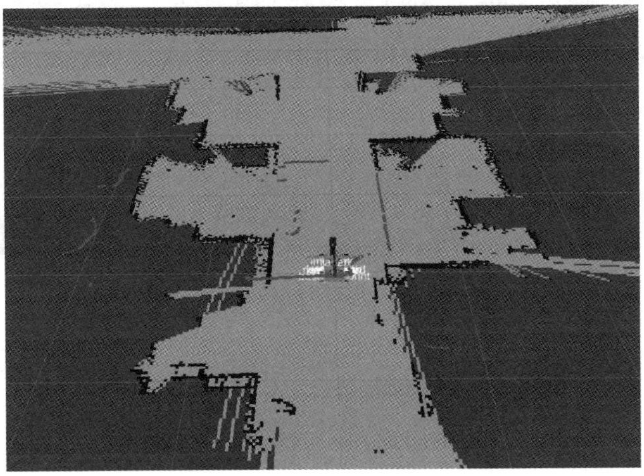

图 5-18　房间内的环境地图

5.4　ROS2 机器人多点导航

ROS2 中的二维导航功能包是根据输入的里程计等传感器的信息流和机器人的全局位置，通过导航算法，计算得出安全可靠的机器人速度控制命令，然而，其自带的导航算法并不适用所有的机器人和环境，在实际应用中，为了使机器人更好地适应不同环境，常常需要根据具体情况更换导航算法。

在 ROS2 中，进行导航需要使用到以下 3 个包。

（1）move_base：根据参照的消息进行路径规划，以确保移动机器人能够顺利到达预定目的地。

（2）gmapping：根据激光数据（或者深度数据模拟的激光数据）建立地图。

（3）amcl：根据已有的地图进行定位。

在负责路径规划的 move_base 包中，主要分为两个核心组件：全局路径规划（global

planner）和局部路径规划（local planner）。

全局路径规划负责从宏观角度出发，根据设定的目标位置，制定出一条从起点到终点的总体路径。在 ROS2 导航系统中，全局路径规划器首先被用来计算机器人到达目的地的最优路线，这通常是基于地图信息和一些预设的约束条件来实现的。

ROS2 机器人多点导航的具体操作步骤如下。

（1）打开终端通过“ssh+ROS2 机器人 IP”访问 ROS2 机器人主机，执行“ros2 launch create_nav navigate_multi.launch”命令启动导航文件，如图 5-19 所示。

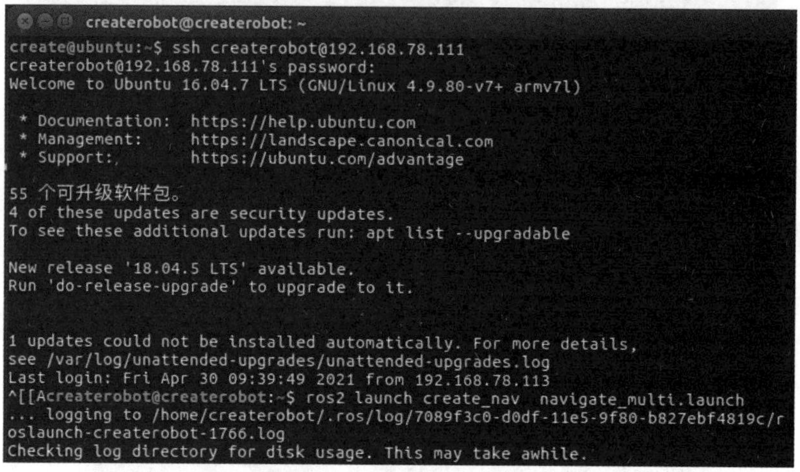
createrobot@createrobot: ~
create@ubuntu:~$ ssh createrobot@192.168.78.111
createrobot@192.168.78.111's password:
Welcome to Ubuntu 16.04.7 LTS (GNU/Linux 4.9.80-v7+ armv7l)
* Documentation: https://help.ubuntu.com
* Management: https://landscape.canonical.com
* Support: https://ubuntu.com/advantage
55 个可升级软件包。
4 of these updates are security updates.
To see these additional updates run: apt list --upgradable
New release '18.04.5 LTS' available.
Run 'do-release-upgrade' to upgrade to it.
1 updates could not be installed automatically. For more details,
see /var/log/unattended-upgrades/unattended-upgrades.log
Last login: Fri Apr 30 09:39:49 2021 from 192.168.78.113
^[[Acreaterobot@createrobot:~$ ros2 launch create_nav navigate_multi.launch
... logging to /home/createrobot/.ros/log/7089f3c0-d0df-11e5-9f80-b827ebf4819c/r
oslaunch-createrobot-1766.log
Checking log directory for disk usage. This may take awhile.

图 5-19　启动导航文件

在 navigate_multi.launch 文件中，可以修改地图参数为之前 SLAM 创建好的地图，这里使用的是 Gmapping 算法建立的地图 createmap.yaml。

（2）navigate_multi.launch 文件启动后，打开新的终端执行“ros2 launch create_nav navigation_rviz.launch”命令利用 RViz 可视化工具加载建立好的 createmap 地图，启动多点导航可视化界面，如图 5-20 所示。

/home/create/create_ws/src/create_nav/launch/multi_goal_rviz.launch http://192.168.7
create@ubuntu:~$ ros2 launch create_nav multi_goal_rviz.launch
... logging to /home/create/.ros/log/4fbfd352-d0e0-11e5-9f80-b827ebf4819c/roslau
nch-ubuntu-5435.log
Checking log directory for disk usage. This may take awhile.
Press Ctrl-C to interrupt
Done checking log file disk usage. Usage is <1GB.
started roslaunch server http://192.168.78.113:40795/
SUMMARY
========
PARAMETERS
* /robot_description: <?xml version="1....
* /rosdistro: kinetic
* /rosversion: 1.12.17
NODES
/
robot_state_publisher (robot_state_publisher/robot_state_publisher)
rviz (rviz/rviz)
voxel_visualizer (costmap_2d/costmap_2d_markers)
ROS_MASTER_URI=http://192.168.78.111:11311

图 5-20　执行“ros2 launch create_nav navigation_rviz.launch”命令

RViz 打开地图后看到已经加载好房间内的环境地图，这与之前利用 Gmapping 算法建立的地图一致。与 SLAM 激光导航不同的是界面中有许多箭头，如图 5-21 所示。

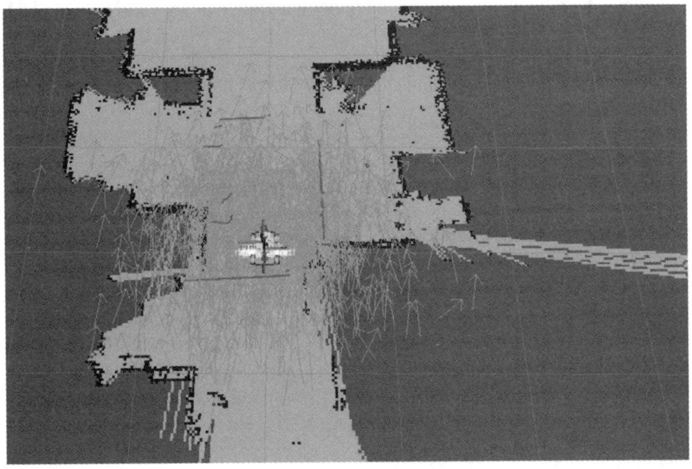

图 5-21　房间内的环境地图

（3）现在多点导航的准备工作已完成，选择房间内某一点将 ROS2 机器人放置在该点处，选择 RViz 工具栏上方的 2D Pose Estimate 设置机器人的原始位置和指向所朝方向，以校正位姿。单击选择初始位置，出现带方向的绿色箭头。单击 publish point 选择设定的点，会出现选择点的序号，ROS2 机器人依次到达指定位置，效果如图 5-22 所示。

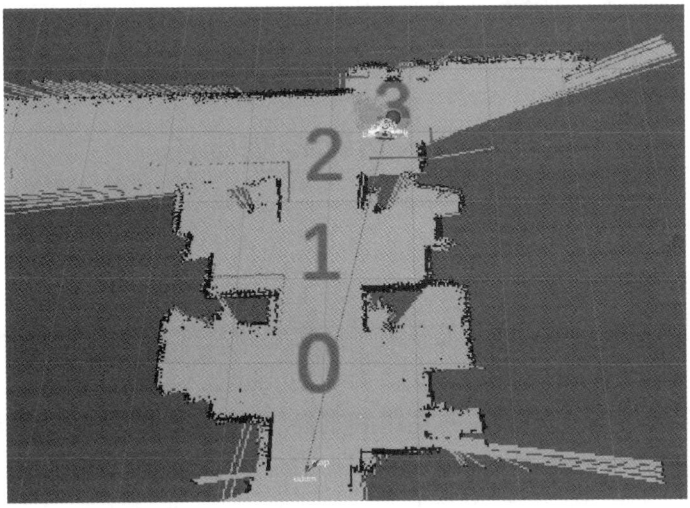

图 5-22　多点导航效果图

第 6 章　ROS2 多关节机器人运动控制及规划

学习目标

1. 掌握 ROS2 机器人的运动控制。
2. 理解 ROS2 机器人的 MoveIt2 包。
3. 学会 ROS2 机器人的运动规划库。

多关节机器人，也被称作机械臂（Manipulator），被设计用于在工业环境中自动化执行重复性高且简单的任务。它的目的是取代危险的工作或取代重复的任务，近年来有许多有关机械手臂和人类协作的研究。

随着人机交互（HRI）领域的快速发展，机械臂的应用已经超越了工厂自动化，扩展到了包括媒体艺术和虚拟现实等在内的多个领域，为公众提供了全新的互动体验。数字伺服技术和 3D 打印的进步使得机械臂更加易于接触和使用，这为制造业和教育领域带来了新的机遇。尽管有人担心机械臂与人工智能的结合可能导致大规模失业，但机械臂一直是推动社会繁荣的重要工具，并且在当今的多个领域中继续为人类提供帮助和支持。未来如果机器人的发展能够渗透到我们的生活中，而不会摆脱其本质，那么像扫地机器人一样，多关节机器人将成为我们生活的一部分。

6.1　ROS2 多关节机器人运动控制概述

多关节机器人运动控制是指多关节机器人能够在一个已知或未知的环境中，在无人为操作的情况下，通过自身传感器感知周围环境，确定自身位置，以最少的代价到达既定的区域。在移动机器人的自主导航任务中，主要涉及对环境的理解和独立决策规划。运动规划在此过程中扮演关键角色，负责为多关节机器人找到一条既满足特定限制条件又可执行的路径，从起点到终点。这些限制条件包括遵循运动规则、避开障碍、控制速度、维持平衡及遵守关节活动范围等。

多关节机器人的自主规划过程与人的寻路行为相似，它涉及在已识别的环境中，为机器人寻找一条起点到明确或不明确终点的最佳或接近最佳的路径，这条路径需要遵循多关节机器人的运动特性。其主要研究“Where to go?”及“How to there?”两个问题，即路径规划及基于已规划路径的精确跟踪问题，如图 6-1 所示。

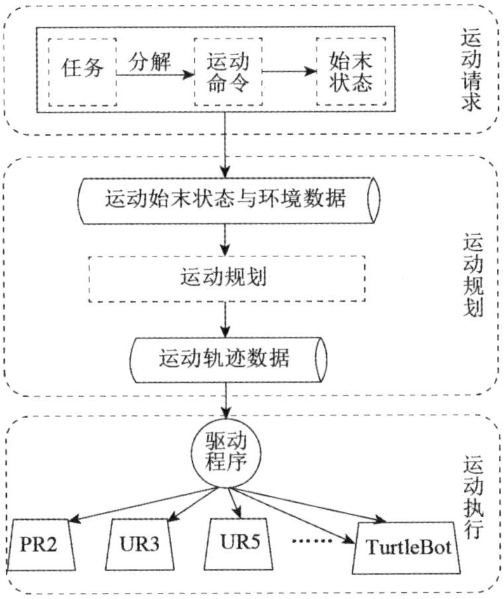

图 6-1 机器人运动任务执行流程

6.1.1 机器人运动规划概述

对于多关节机器人，运动规划是指机械臂末端执行任务时所遵循的路径，包括其在运动过程中的位置、速度和加速度的变化曲线。为了提升多关节机器人的工作效率并顺利完成特定任务，合理的运动规划是必不可少的。运动规划可以分为预先规划（离线）和实时规划（在线）两种类型。传统的运动规划通常属于离线规划，即在执行前就已经完成了规划，这种方式在动态适应性方面相对较弱，随着嵌入式计算能力的大幅度提升，应用智能需求的不断增强，在线运动规划成为发展方向。运动规划可以被划分为路径规划和轨迹规划两个层面。路径规划旨在确保路径既远离障碍物又尽可能短；而轨迹规划则关注于在机器人的关节空间中找到运行时间最短或能耗最低的移动方式。轨迹规划在路径规划的基础上增加了时间维度，对机器人在执行任务时的速度和加速度进行细致规划，确保运动的平滑性和可控性。

示教再现是传统路径规划中的一种实施方式，它通过在操作空间中进行示范并记录下示范结果，之后在实际工作中复现这些动作。这种方法直接关联到机器人需要执行的具体动作，路径直观明确，但缺点在于它需要操作者具备丰富的经验，耗时较长，且所得路径可能不是最优解。为了解决上述问题，可以建立机器人虚拟模型，通过虚拟的可视化操作完成对作业任务的路径规划。

路径规划可以在关节空间内实施。例如，可以利用五次 B 样条曲线来拟合机器人关节的轨迹，进而计算出各关节的速度和加速度端点值。这种配置可以根据平滑度的要求进行调整，并将加速度平方对运动时间的积分作为优化目标，以此来确保关节运动的平滑性。此外，为了避免操作空间中的奇异性问题，可以采用关节轨迹优化算法来规划关节空间的轨迹。这种方法通过优化算法来调整关节运动，以规避奇异点并确保运动的合理性，其利用六自由度机器人在任务过程中某个关节功能上的冗余，将机器人奇异性和关节限制作为约束条件，采用 TWA 方法进行优化计算。

6.1.2 机器人运动规划和轨迹规划的区别

这里提到的“运动规划”（Motion Planning）和“轨迹规划”（Path Planning）是有区别的。一般来说，轨迹规划用于低维的、多运动体的、全局的路径规划，如无人车、无人机领域。而运动规划主要用于机械臂、类人机器人领域，如工业机器人机械臂的运动规划，考虑到机械臂空间自由度的多维性，机械臂的路径规划因其本身与周围环境的潜在碰撞风险及解空间的复杂性而变得更加复杂。

从本质上来说，运动规划和轨迹规划没有实质的区别，它们更多的是应用方向的不同，规划的目的都是获得一组具有时空特性的轨迹点，即时间上递增的一组离散空间坐标点。在 ROS2 中分别封装了 Move_base 和 Move_Group 两个接口类，前者主要是针对无人车的全局路径规划，后者主要是面向机械臂的运动规划。本章主要讲述面向多关节机械臂的运动规划。

6.2 ROS2 机器人 MoveIt2 包介绍

ROS2 MoveIt2 是一个专为移动操作平台设计的 ROS2 软件包，它融合了最新的运动规划、3D 感知、运动学、运动控制和导航技术，为开发高级机器人应用提供了一个用户友好的软件平台。这一平台非常适合在工业、商业和科研等领域验证新技术和开发集成化产品。

在如图 6-2 所示的 ROS2 MoveIt2 的整体框架中，Move_Group 节点扮演着核心角色。作为整个系统的“集成器”，它将不同的组件整合在一起，并通过 ROS2 Action 和 Service 的形式为用户提供服务。

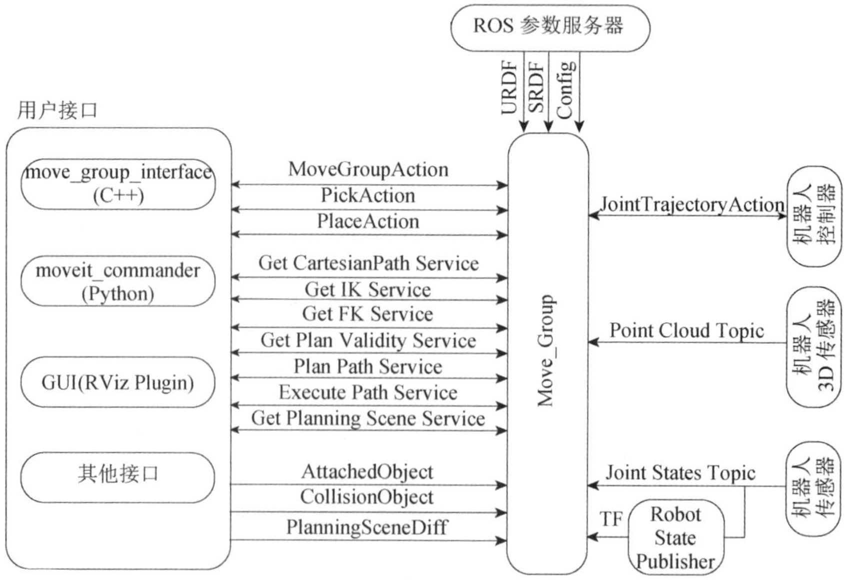

图 6-2 ROS2 MoveIt2 的整体框架

6.2.1 ROS2 MoveIt2 用户接口

用户和应用开发者可以通过以下 3 种主要方式利用 Move_Group 节点所提供的服务。

（1）使用 move_group_interface 库提供的 C++编程接口。

（2）使用 moveit_commander 库提供的 Python 编程接口。

（3）使用 RViz 中的 Motion Planning 插件，以 GUI 的方式使用 MoveIt。

Move_Group 是 MoveIt 提供的主要的 API 接口，move_group_interface 库和 moveit_commander 库分别支持 C++和 Python。该接口简化了 MoveIt 在 ROS2 中的应用。通过 ROS2 的 API，主要通过设置约束（如位置约束和关节约束）来配置末端执行器或整个机器人的姿态。Move_Group 允许用户将这些约束直接设定为期望的位置、方向或机器人的关节配置，例如规划机器人到达特定的位姿，或者调整某个关节的位置。

RViz 是 ROS2 提供的图形化模拟仿真环境，运动规划插件是 RViz 提供的一个实时显示运动规划运行效果的工具，为 MoveIt 提供了一个直观的图形化交互界面，简化了其在 ROS2 中的操作。用户和开发者可以便捷地使用 C++或 Python API，通过 RViz 的运动规划插件在仿真环境中添加物体，进而进行特定的模拟实验。这种方式使得在虚拟环境中测试和验证机器人行为变得更加容易。

6.2.2 ROS2 MoveIt2 参数配置

Move_Group 作为一个 ROS2 节点，它使用 ROS2 参数服务获取机器人的信息。所获取的信息主要分为以下 3 类。

（1）URDF（Unified Robot Description Format）是一种采用 XML 编写的机器人模型数据表示方式。这种格式被设计用来抽象化地描述机器人的硬件结构，使得机器人能够在模拟环境中进行测试。通过 URDF 文件，开发者可以更加高效地开展机器人软件的开发和测试工作，因为它们可以在不接触实体机器人的情况下，对机器人模型进行编程和调试。

（2）机器人语义配置（Semantic Robot Description Format，SRDF）是 MoveIt 的配置文件，它采用 XML 格式，包含了机器人的规划组、位姿、末端执行器、虚拟关节及碰撞检测排除矩阵（ACM）等参数设置。SRDF 与 URDF 文件配合使用，可以提供机器人在 MoveIt 中所需的语义信息。实际上，结合 SRDF 和 URDF，就能够全面定义一个机器人在 MoveIt 框架中的配置信息。

（3）MoveIt 的配置参数包括了一系列关键信息，如关节的限制条件、运动学的具体参数及运动规划的相关设置。这些参数共同定义了机器人的运动特性和规划行为，例如，碰撞免检矩阵（Avoid Collision Matrix，ACM）、虚拟关节（Virtual Joint）、规划群（Planning Group）的创建。配置机器人的预设姿态（Robot Poses）、末端执行器（End Effectors）和被动关节（Passive Joints）等参数是 MoveIt 启动和运行前的必要步骤。这些配置确保了机器人在执行任务时能够按照预定的运动和姿态进行操作。只有当这些参数被正确设置后，MoveIt 才能够进行有效的运动规划和控制。

6.2.3 ROS2 MoveIt2 机器人接口

通过 Move_Group 的封装，开发者可以直接使用其内置的运动规划 API，便捷地为多关节机器人进行运动规划，如图 6-3 所示。

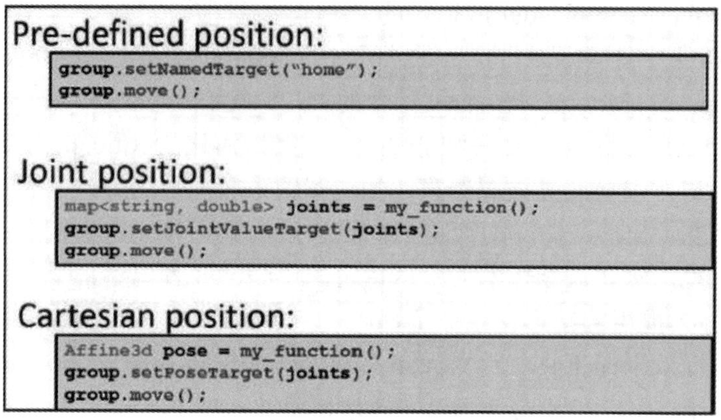

图 6-3　Move_Group 的封装 API

通过调用 Move_Group 提供的接口，应用开发者能够轻松地实现机械臂从一个位姿移动到另一个位姿的运动规划。然而，对于规划过程中如何生成两点之间的轨迹点，开发者可能并不了解其背后的实现细节。下面将通过分析开放运动规划库（Open Motion Planning Library，OMPL）中的快速扩展随机树（Rapidly-exploring Random Tree，RRT）算法来解释这一过程。规划的框架图如图 6-4 所示。

Move_Group 作为一个封装层，集成了运动规划库，并为应用开发提供了便捷的调用接口。

Move_Group 的下层调用了 Planning scene 提供的接口，因此 Move_Group 是较高层次的封装，其降低了调用的复杂度。开发者同样可以直接利用 C++接口，即 Planning scene 提供的 API，来进行更底层的运动规划操作。

Move_Group 通过 ROS2 的话题（topic）和动作（action）与机器人进行通信，以获取机器人的当前状态信息（如每个关节的位置）、各类传感器数据及控制机器人的控制参数等。

Move_Group 通过监听名为 joint_states 的主题来获取机器人的实时关节状态信息，例如每个关节的当前位置。值得注意的是，Move_Group 本身不发布关节状态信息，这部分功能需要由机器人开发者通过相应的程序来实现。

此外，Move_Group 利用 ROS2 的 TF（Transform）库来获取坐标变换数据，这些数据包括机器人的姿态及其他物体在全局坐标系中的位置。与关节状态发布一样，坐标变换数据的发布也需要开发者自己开发相应的程序来完成。

为了控制机器人的运动，Move_Group 通过 FollowJointTrajectoryAction 接口发送命令，这是一个 ROS2 Action 接口。开发者需要实现相应的 Action Server 来处理 Move_Group 的运动控制命令，并将这些命令转发给机器人执行。这样的设计允许 Move_Group 以一种标准化的方式与机器人的硬件接口进行交互，同时保持了系统的灵活性和扩展性。

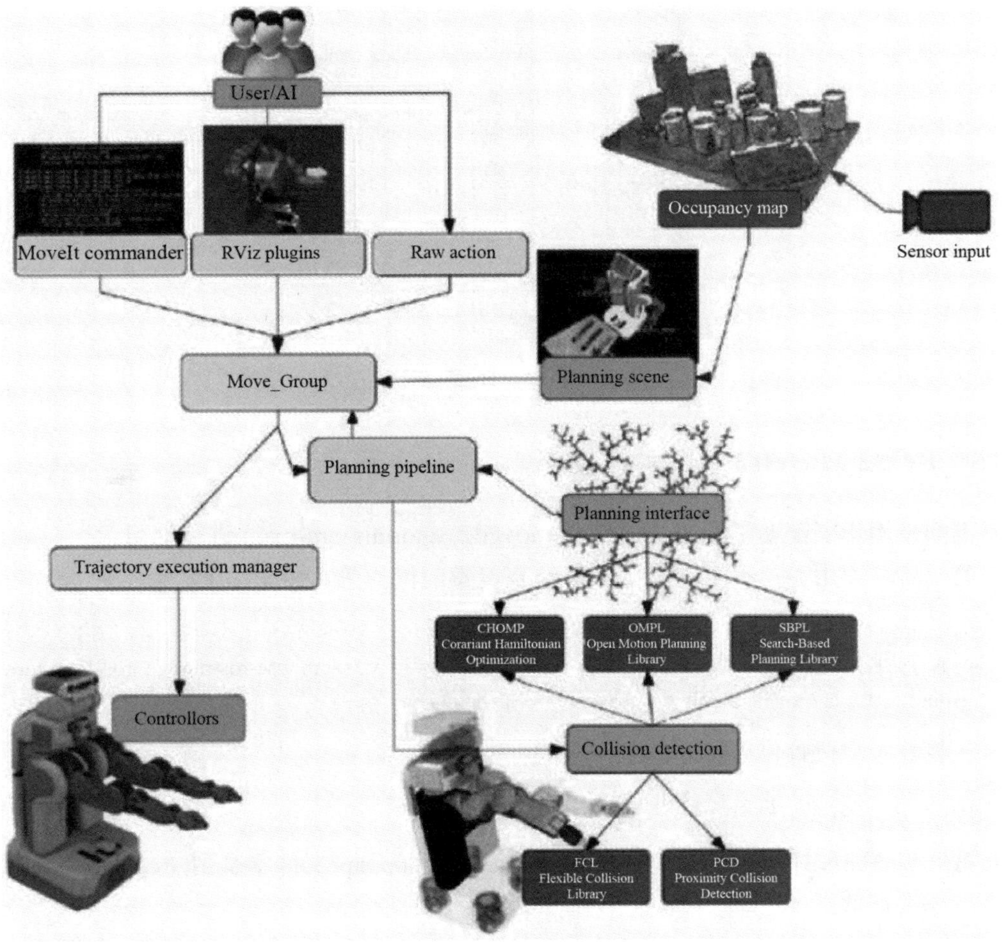

图 6-4　规划框架图

6.2.4　ROS2 MoveIt2 运动规划实现

MoveIt 采用插件化的方式整合了多种运动规划器，提供了高度的灵活性，允许用户根据需要选择不同的规划器。默认情况下，MoveIt 使用的是 OMPL 作为其运动规划器。整个运动规划的过程始于用户发起一个明确的规划请求，这个请求详细描述了期望规划器执行的具体任务，例如调整机械臂的各个关节至新的位置，或是引导机器人的末端执行器到达一个新的位姿。此外，规划请求中还可以包含一系列运动学约束，这些约束可能涉及位置、方向、可见性、关节角度等，以及用户根据特定需求自定义的约束条件。

在 MoveIt 收到规划请求后，它会调用相应的运动规划器进行路径搜索，并生成一个规划轨迹作为响应，这一过程的结果可以参考图 6-5。如果机器人的接口被正确配置，那么它将根据这一规划轨迹执行相应的动作，精确地移动到运动规划请求所指定的目标位姿。这样的设计使得 MoveIt 能够适应多变的规划需求，并确保了机器人运动的精确性和可靠性。

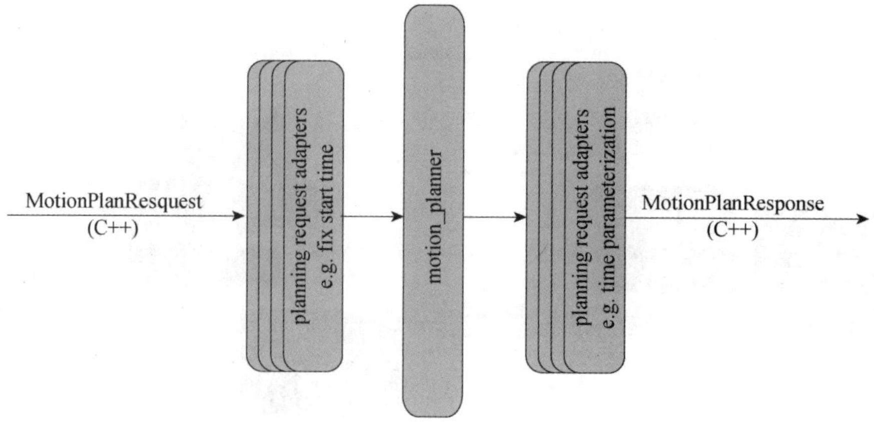

图 6-5　MoveIt 的运动规划请求与响应

6.2.5　ROS2 MoveIt2 包配置与使用

下面使用本书配套资源包中的代码 moveit2_tutorials_src-main 进行学习。

第一步，使用 MoveIt2 的第一步是安装自带的依赖包，命令如下：

```
sudo apt-get install ros-foxy-moveit ros-foxy-moveit-common ros-foxy-moveit-servo ros-foxy-graph-msgs ros-foxy-moveit-ros-perception ros-foxy-xacro ros-foxy-warehouse-ros-mongo ros-foxy-moveit-resources-panda-moveit-config ros-foxy-controller-manager
```

下载好对应依赖包后，创建工作空间：

```
mkdir -p ~/moveit2_ws/src
```

第二步，将刚才下载的 moveit2_tutorials_src-main.zip 文件复制到 src 目录下，输入以下命令进行解压：

```
sudo unzip moveit2_tutorials_src-main.zip
```

解压后删除解压文件，并回到 moveit2_ws 目录下进行编译：

```
cd ~/moveit2_ws
colcon build --cmake-args -DCMAKE_BUILD_TYPE=Release
```

如果在编译的过程中报错了，可以加一个编译参数，执行下列命令，查看具体的报错信息，找到报错的 ros 包，这样更有针对性。

```
colcon build --cmake-args -DCMAKE_BUILD_TYPE=Release --event-handlers console_direct+
```

如果安装好了前面的 ros 依赖包，就不会出问题。

第三步，我们启动 panda 机械臂：

```
cd ~/moveit2_ws
source install/setup.bash
ros2 launch moveit2_tutorials demo.launch.py
```

此时会出现 RViz 和一个机械臂模型，如图 6-6 所示。

图 6-6　panda 机械臂模型

在 MotionPlanning 中执行机械臂动作，如果没有 MotionPlanning 工具，则在面板中单击 Add 按钮，添加 MotionPlanning，修改 Planning Group 选项，选择 panda_arm，用鼠标左键持续点住机械臂中的浅绿色球体，不松手，将其拖到你认为合适的位置，如图 6-7 所示。

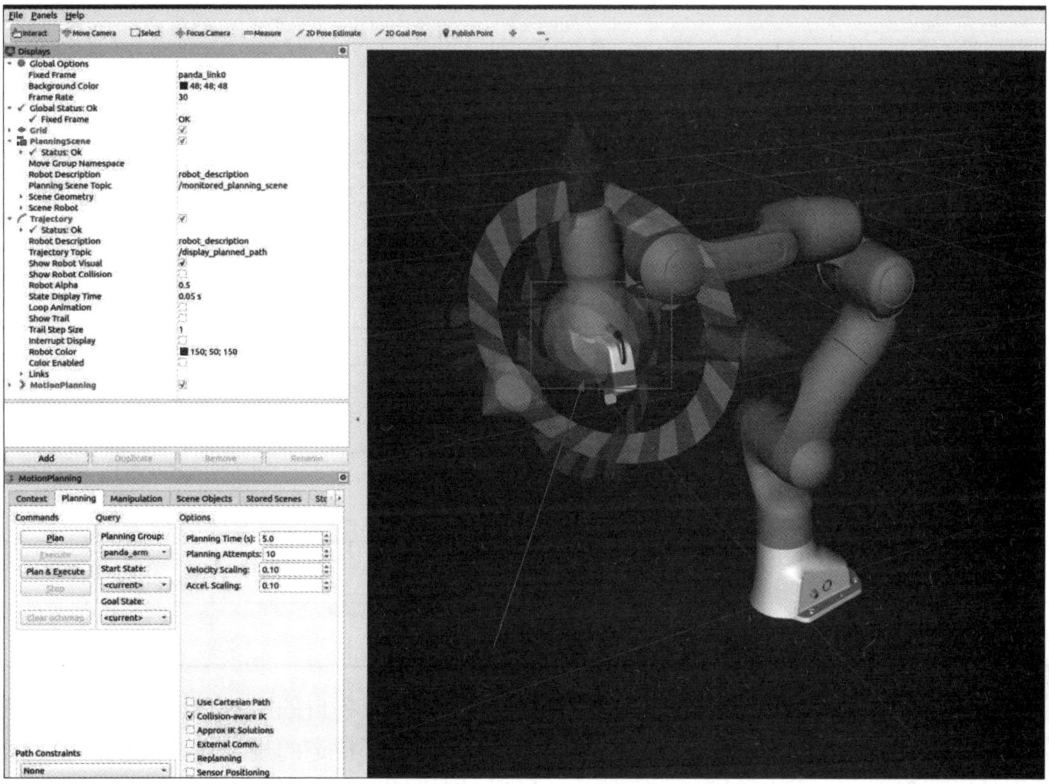

扫码查看彩图

图 6-7　在 MotionPlanning 中执行机械臂动作

单击 Plan & Execute 按钮，如图 6-8 所示。执行运动规划，机械臂就会自动运动至你规划的位置点。

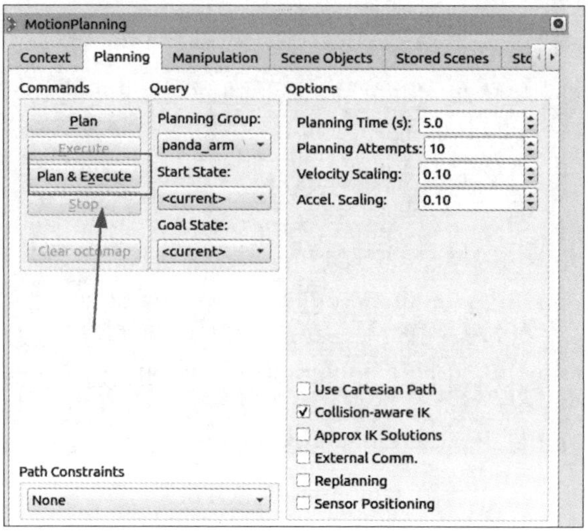

图 6-8 单击 Plan & Execute 按钮

6.3 ROS2 机器人运动规划库

6.3.1 运动规划库概述

前面介绍了简单的已封装的 Move_Group 接口，开发人员也可以直接调用 Planning interface 提供的 C++API 接口。通过动态加载插件的方式加载运动规划库，主流的运动规划库如表 6-1 所示。

表 6-1 各种运动规划库

运动规划库	适用范围	特点
Descartes	路径规划	全局最优 全局采样搜索 采样容量大
CUIK	路径规划	局部最优解 适合大空间高自由度 采样容量大
STOMP	空间规划	局部最优解 强调路径光滑
OMPL/MoveIt2	空间规划	随机采样 简单，方便交互

各种运动规划库专为不同的应用场景设计，它们有着各自的优势和局限。这些库提供了多种运动规划算法的接口，每种运动规划库都代表了特定的规划算法类型。规划算法大致分为两类：最优规划和采样规划。最优规划的目标是在所有可行的解决方案中寻找最佳解，而采样规划则旨在迅速找到一个可行的解决方案。OMPL 是一个开源的自由

空间运动规划库，也是 MoveIt 的默认运动规划库。

OMPL 是一个用 C++编写的运动规划库，它包含了多种先进的运动规划算法。尽管 OMPL 中提到了最优规划的概念，但它主要侧重于采样规划。采样规划中的经典算法包括快速随机树（RRT）和概率路线图（PRM）。除此之外，OMPL 还包含了其他多种运动规划算法，例如逐点比较插补法、数字积分法和人工试场法等。OMPL 的核心功能是生成运动轨迹。给定一个具有 N 个关节的机器人模型、一个目标（例如将末端执行器移动到特定的坐标 xyz）和一个环境模型，OMPL 能够提供一个包含 M 个长度为 N 的轨迹参数数组，每个数组代表一个完整的关节位置集合。按照这些轨迹参数依次移动关节，最终可以将末端执行器移动到目标位置 xyz，同时确保轨迹不会与环境中的任何障碍物发生冲突。

尽管存在众多提供运动规划功能的软件库和算法，OMPL 因其模块化架构和持续的更新维护，成为最受欢迎的运动规划库之一。许多最新的算法都在 OMPL 中得到了实现，而且许多其他软件，包括 ROS2/MoveIt，都能够利用 OMPL 来执行运动规划任务。

6.3.2 MoveIt 运动规划编程用例

正如之前提到的，在 MoveIt 中，规划器是通过插件形式进行加载和配置的。开发者可以利用 ROS2 的 pluginlib 接口来加载所需的规划器插件。在实际加载一个规划器之前，必须先确定并创建机器人模型（RobotModel）对象和规划场景（PlanningScene）对象。RobotModelLoader 对象的实例化过程涉及在 ROS2 参数服务器中搜索机器人描述参数，然后基于这些参数构建 RobotModel 对象。这一过程确保了 MoveIt 能够正确理解和操作机器人模型，为后续的运动规划打下基础，代码如下：

```
robot model loader:RobotModelloader robot model loader ("robot description");
robot model:RobotModelPtr robot model = robot model loadergetModell
```

随后，基于 RobotModel，可以创建一个 PlanningScene 对象，该对象将包含当前环境状态的上下文信息，包括机器人的当前状态，代码如下：

```
planning scene::PlanningScenePtr planning scene (new planning scene.:: PlanningScene (robot model))
```

然后构造一个插件加载对象，并通过名称加载到相应的规划器，代码如下：

```
boost:scoped ptr (pluginlib:ClassLoader (planning interface:PlannerManager));
planner plugin loader;
planning interface.PlannerManagerPtr planner instance;
planner plugin loaderreset(newpluginlib:Classloader (planning interface:PlannerManager) ("moveit core", "planning interface.: PlannerManager"));
planner instance.reset(planner plugin loader->createUnmanagednstance(planner plugin name));
```

获取规划器管理接口对象（Planner instance）后，设置规划的起始点（默认为当前位置）和目标点的约束条件，即可开始进行运动规划，代码如下：

```
planning interface::MotionPlanRequest req;
planning interface.:MotionPlanResponse res;
planning interface::PlanningContextPtr context =planner instance->getPlanningContext(planning_scene, req, res.error_code)
```

```
context->solve(res);
if(res.error.code.val!= res.error code .SUCCESS) { ROS2_ERROR("Could not compute plan successfully");}
```

通过检查对象 MotionPlanResponse 中的状态位 error_code 的值，可以确定运动规划是否成功。规划成功的路径会被保存在 req 对象中，随后可以利用 ROS2 提供的工具进行路径的可视化。

6.3.3 规划接口定义

规划接口（Planning interface）为 MoveIt 的运动规划库提供了一个统一的接入点。

Planning interface 的命名空间中主要定义了 PlannerManager 和 PlanningContext 两个接口类，如图 6-9 所示。

图 6-9 PlannerManager 和 PlanningContext 类成员关系图

从图 6-9 中可以看出 PlannerManager 定义了接口函数：

```
virtual PlanningContextPtr getPlanningContext(const planning scene::Planing-SceneConstPtr& planning
scene, const MotionPlanRequest &req, moveit msas::MoveItErrorCodes & error code) const =0
```

该功能是一个抽象的虚函数，它接收两个参数：规划场景和包含起始与终止位置的规划请求，然后返回一个指向 PlanningContext 对象的智能指针（shared pointer）。PlanningContext 定义了以下接口。

- solve(MotionPlanResponse ares)函数用于解决运动规划问题，并将结果保存在 ares 参数中。在执行过程中，该函数不会清除那些用于计算的结构化数据，直到调用析构函数或者 clear()函数时，才会清除数据。

```
virtual bool solve(MotionPlanResponse ares) =0
```

- solve(MotionPlanDetailedResponse ares)函数用于解决运动规划问题，并将详细结果保存在 ares 参数中。在此过程中，该函数不会清除用于计算的结构化数据，只有在调用析构函数或 clear()函数时，数据才会被清除。

```
virtual bool solve(MotionPlanDetailedResponse & res) =0
```

在上一步调用中返回了 PlanningContext 对象指针，接着调用 PlanningContext 的成员函数 solve()，因此，要使运动规划库能够加入 MoveIt 平台中，开发者需要实现 PlannerManager 和 PlanningContext 这两个接口类及其中的接口函数。接下来看一下 OMPL 是如何实现这两个接口类的。

6.3.4 OMPL 接口分析

OMPL 接口类位于 MoveIt 的 moveit_planners 包中。

图 6-10 展示了 OMPL 接口的类关系图，清晰地揭示了 Planning interface 是如何将 OMPL 这一第三方库与 MoveIt 相衔接的。在规划器管理接口类中，有两个核心实现：SimpleSetup 和 ParallelPlan。SimpleSetup 负责处理单线程运动规划任务，ParallelPlan 则用于执行并行运动规划。在 solve()函数中，如果参数 count 指定的运行次数大于 1，则会触发并行规划接口；如果 count 为 1，则默认使用单线程规划接口。这种设计使得 MoveIt 能够根据具体的规划需求灵活选择适当的规划模式。

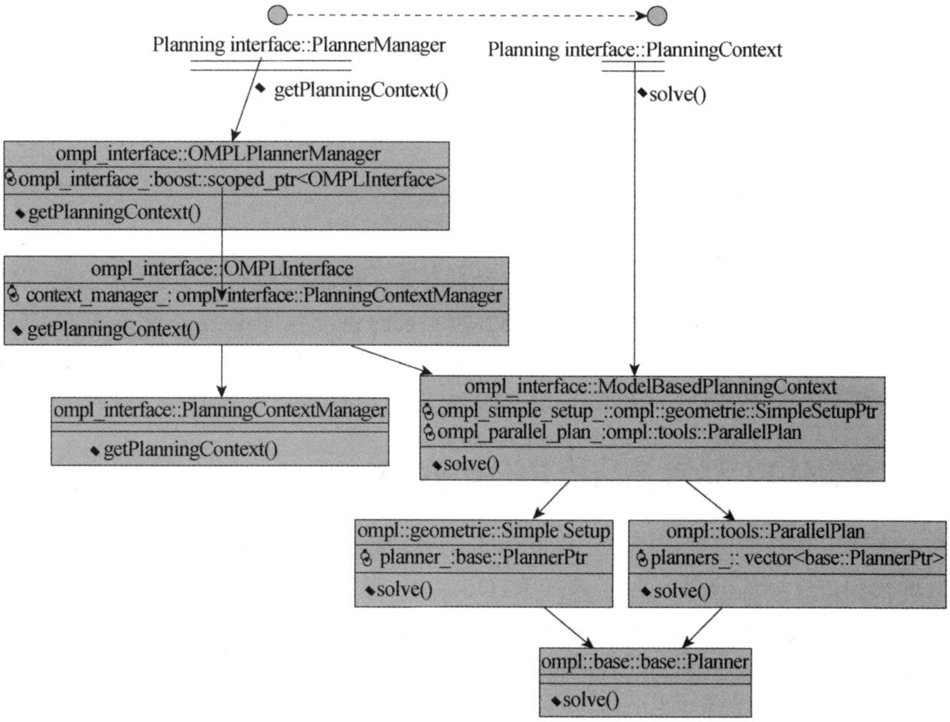

图 6-10 OMPL 接口

图 6-11 展示了众多具体的规划算法类，其中最为人熟知的当属 RRT（快速随机树）和 PRM（概率路线图）算法。图 6-11 仅展示了部分规划算法类，若要了解更多细节，可以参考 OMPL 开源库的详细文档。通过深入探索 OMPL 库，用户可以发现更多先进的规划算法，以适应不同的应用场景和需求。

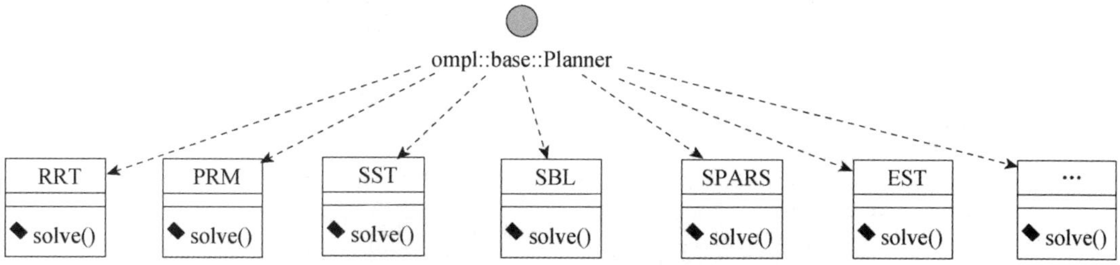

图 6-11 ParallelPlan 接口的实现算法

第 7 章　ROS2 多关节机器人系统搭建

学习目标

1. 掌握 ROS2 实时化。
2. 理解 ROS2 集成。
3. 了解 ROS2-Industrial。

7.1　ROS2 实时化

ROS2 最初是为科研而设计的，虽然功能丰富，但缺乏实时性。对于工业、军用等领域，实时性属于基本要求，所以为 ROS2 增强实时性非常有必要。新发布的 ROS2 已经对实时性进行了改善。针对 ROS2 的实时性，目前有两种改进方法，分别为混合实时 ROS2 体系结构 RGMP-ROS2 和结合 OROCOS 实现实时性。

7.1.1　混合实时 ROS2 体系结构 RGMP-ROS2

将 ROS2 运行在多核处理器上，可以形成一个混合实时 ROS2 体系结构 RGMP- ROS2。它由两部分组成：一部分是实时子系统 RTOS，另一部分是非实时子系统 GPOS，它们分别占用不同的 CPU，通过共享内存实现通信。其中，GPOS 由运行在非实时操作系统内核上的 ROS2 节点组成，RTOS 由运行在实时操作系统内核上的实时 ROS2 节点组成。

RGMP-ROS2 系统体系结构如图 7-1 所示。ROS2 节点被分为实时和非实时节点，ROS2 节点之间的通信分为核内通信和核间通信，核间通信通过共享内存实现。在操作系统内核层中，GPOS 和 RTOS 分别驻留在不同的硬件资源上，包括处理器核、中断和相关的硬件资源。在硬件层，硬件资源也是相互分离的，从而保证非实时 ROS2 节点和实时 ROS2 节点可以分别运行在 GPOS 和 RTOS 上。

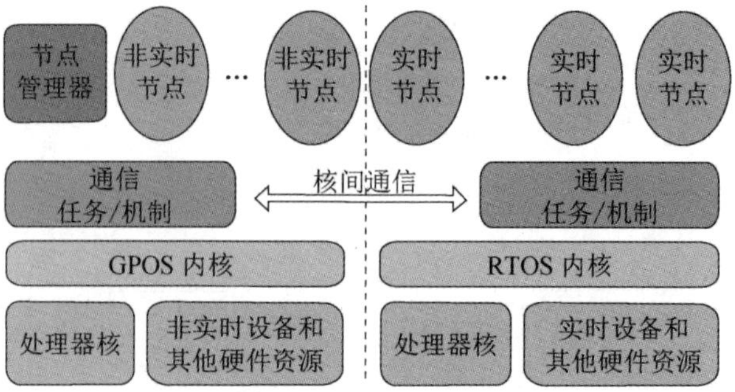

图 7-1　RGMP-ROS2 系统体系结构

RGMP-ROS2 是由 ROS2、Nuttx 和 RGMP 发展而来的，下面对它们分别进行简单介绍。

（1）ROS2：图 7-2 展示了 ROS2 的通信模型及其对应的 OSI 模型。可以看出，应用层协议是基于构建在 TCP/IP 架构上的 XML-RPC HTTP 协议实现的，因此，节点间的消息不是通过数据包的形式传递，而是通过满足 HTTP 协议的网页文件进行传递的。

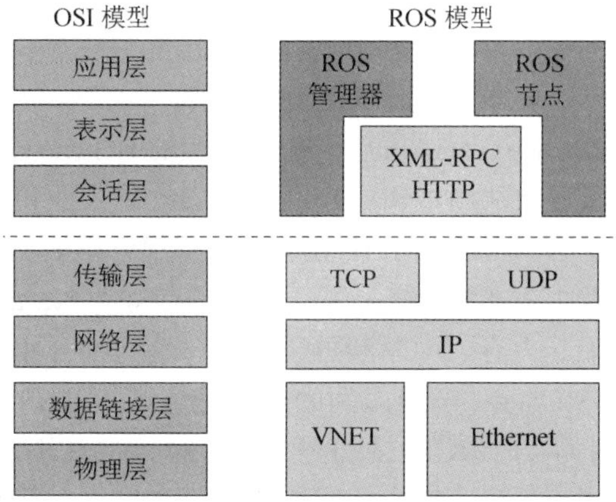

图 7-2　ROS2 的通信模型及其对应的 OSI 模型

（2）Nuttx：Nuttx 是一个开源的实时操作系统内核，易于扩展 ROS2。Nuttx 对内存的需求非常小，只需要很小的内存就可以满足不同的应用案例。Nuttx 的另一个优点是易于移植和扩展，可以方便地移植到新的处理器架构，这样就可以在多核处理器的不同 CPU 之间迁移 ROS2 实时节点。

（3）RGMP：RGMP 是一个软件集成框架，如图 7-3 所示。它可以用来在一个控制器有多核处理器的情况下同时运行两个操作系统内核，一个是基于 Linux 的一般用途的操作系统内核，另一个是实时操作系统内核。GPOS 和 RTOS 分别占用了不同的 CPU，它们之间通过 VNET 通道通信。VNET 是一个虚拟的网络接口，通过共享内存实现数据交换。同时使用基于 TCP/IP 协议的标准网络接口协议也可以建立实时系统 Nuttx 和 Linux 之间的标准网络通信接口。

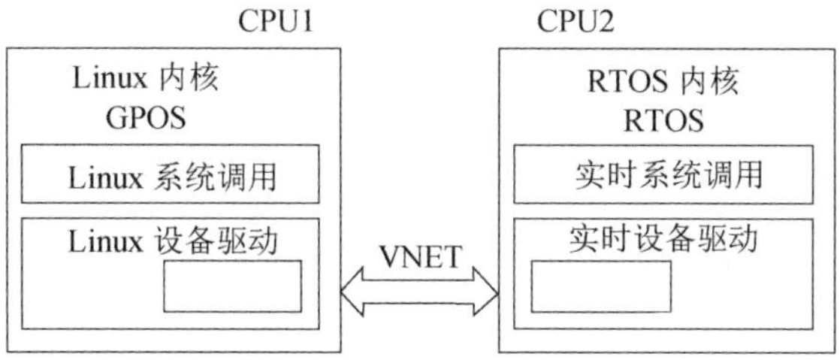

图 7-3　RGMP 软件集成框架

RGMP 有 3 个功能。第一个功能是引导整个系统，当 RGMP 启动时，Linux 首先初始化包括 CPU、内存、外围设备在内的所有硬件资源。然后，GPOS 模块释放两块内存和一个 CPU，之后，RTOS 就会被装载在其中一块内存上，并运行在释放的 CPU 上。第二个功能是实现运行过程中 GPOS 和 RTOS 之间的通信，通信通过释放的另一块内存块来实现。第三个功能是提供丰富的编程资源，如中断注册、内存分配、BIOS 读取等接口函数。这样，用户就可以快速地开发自己的机器人混合操作系统。

7.1.2 案例分析

1. 总体设计

本案例将实现在双核处理器上运行 RGMP-ROS2，即在一个 CPU 上运行 GPOS，在另一个 CPU 上运行 RTOS，使用运行在双核处理器上的 RGMP-ROS2 来控制六自由度的模块化机械臂。该案例通过软件测试和实验证明了它的有效性和效率。

该案例实现的双核处理器上的 RGMP-ROS2 由两部分组成，如图 7-4 所示：一部分是安装在 Linux 上的非实时 ROS2 系统，另一部分是运行在 Nuttx 上的实时 ROS2 系统。每一部分都有自己的 CPU、内存、中断和外围设备。这两部分相应地形成实时节点和非实时节点两种类型的 ROS2 节点。节点之间的通信是通过 TCP/IP 协议上的 XML-RPC 调用来实现（上层）的。因为实时 ROS2 和非实时 ROS2 运行在不同的 CPU 上，因此可以使用 RGMP VENT 作为通信通道（底层数据通信可以通过以太网或 VNET 来实现，由于它们运行同一台机器上，所以可以通过共享内存来实现通信）。

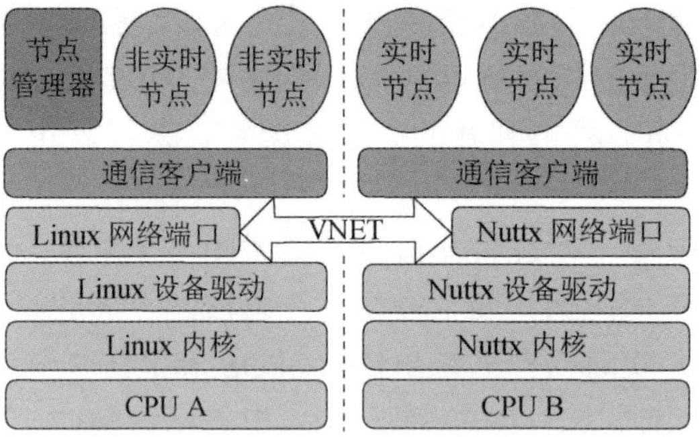

图 7-4 RGMP-ROS2 体系架构

2. 具体实现

基于 IA32SMP Intel 的双核处理器可用于实现 RGMP-ROS2，如图 7-5 所示。Intel 的双核处理器拥有强大的计算能力和对复杂软件的支持能力。

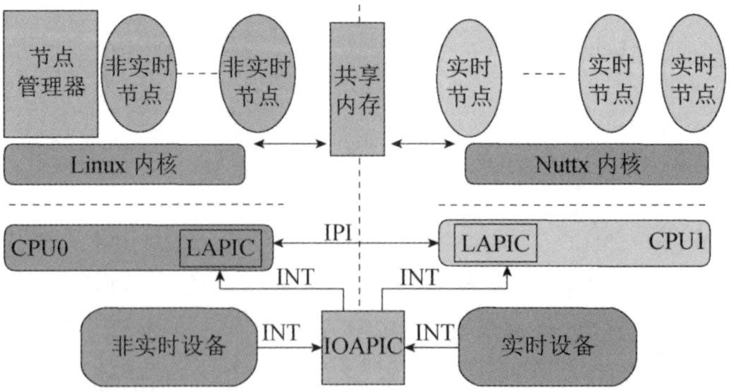

图 7-5 在双核处理器上实现 RGMP-ROS2

1）中断处理

硬件隔离是通过 1A325MP 体系结构的 APIC（高级可编程中断控制器）体系结构来实现的。采用 APIC 体系结构，每个 CPU 都会用一个本地 APIC（LAPIC）接收来自 I/CPIC 产生的中断消息，IOAPIC 会收集并且管理来自 I/O 设备的中断信号。每个本地 APIC 都拥有一个独一无二的 ID，这样程序员就可以编程实现让 IOAPIC 向一个特定的 CPU 交付一个特定的中断，从而实现向一个特定的操作系统交付特定的中断。通过这种机制可以实现一个硬件分配器，为不同的操作系统分配不同的中断。

2）引导两个操作系统内核

采用 CPU 热插拔的方式可以实现在两个 CPU 上运行两个操作系统内核。CPU 热插拔是 Linux 内核的一个特征，可以用来动态地使能或禁用一个 CPU，具体通过调用两个内核 API 函数（即 cpu_up()和 cpu_down()）来实现。当使用一个 CPU 编号作为参数调用 cpu_down()函数时，该 CPU 上的进程和中断就会迁移到其他 CPU 上，并且这个 CPU 会一直休眠直到 cpu_up()函数被调用为止。

1A325MP 体系结构中的进程间中断（Inter-Processor Interrupt，IPI）可用于实现两个操作系统的引导。一个 CPU 的本地 APIC 可产生一个 IPC，被另一个 CPU 当作一个正常的中断处理。CPU 也会产生一个特殊的 INIT IPI，如果一个 CPU 收到一个 INIT IPI，它会从 INIT IPI 传递的地址开始执行引导程序。这种性质可以被 CPU 热插拔用于引导另一个操作系统内核。此外，对于一个一般的 IPI 发送的中断向量，CPU 处理时会将它当作正常中断，一般的 IPI 用于实现 CPU 和 OS 之间的通信。

本案例开发了一个内核模块，用来将 Nuttx 镜像加载到内存中，并且实现引导。引导过程是：首先，Linux 正常引导，然后，Nuttx 内核引导模块被加载进 Linux 内核中，并且打开 Nuttx 监视器。Nuttx 监视器将 Nuttx 镜像加载到内存中，然后调用 cpu_down()函数禁用一个 CPU 内核并且发出 INIT IPI，INIT IPI 会包含 Nuttx 镜像的入口地址，从而将 Nuttx 引导到被禁用的那个 CPU 上，通过 Nuttx 监视器，Nuttx 可以动态地关闭或重新打开。

3）设备管理

设备可以被划分为两大类：实时设备和非实时设备。非实时设备由普通的 Linux 驱动实现，而实时设备由 Nuttx 驱动实现，此时 Linux 为实时设备提供的驱动将会被禁用。实时设备驱动设置 IOAPIC 路由转发中断给 Nuttx，当引导 Nuttx 时，Linux 会将 IRQ（中断请求）表（记录每个设备的中断请求号）作为参数传递给 Nuttx，这将被 Nuttx 设备驱动用来分配 IRQ 号，以避免 IRQ 发生冲突。如果两个不同的设备正好共享一个相同的 IRQ 号，对于 PCI（外部设备互联总线）设备来说是常见的，这时将会禁用非实时设备。但是，如果硬件支持 MS（Message Signaled Interrupt，消息信号中断），那么可以编程让设备产生的中断绕过 IOAPIC 直接交付给相应的 CPU 内核，这样就可以有效地解决冲突问题。

4）其他

本案例使用 SMP 体系结构的共享内存实现了双向消息的 FIFO。通信中最大的问题是同步 Linux 和 Nuttx 之间的两个任务，本案例实现了一个自旋锁模块，分别用于同步 Linux 和 Nuttx 上的两个任务。

7.1.3 结合 OROCOS 的实时性实现

OROCOS 是由“Open Robot Control Software”中每个词的首字母组合而成的。该计划旨在开发一个通用且开源的机器人控制模块化架构。OROCOS 由 4 个 C++库构成，包括实时工具集、运动学与动力学算法集、贝叶斯过滤库和 OROCOS 组件库。实时工具集（RTT）不仅是一个应用程序，还提供了基础功能，使开发者能够使用 C++来构建机器人应用。OROCOS 的优势在于其支持实时操作、在线交互以及基于组件的应用开发。

将 ROS2 和 OROCOS 有效地结合在一起，可综合各自的优点。利用 OROCOS 实现底层控制，可以保证系统的实时性；利用 ROS2 实现上层控制，可以充分利用 ROS2 丰富的功能包。利用 OROCOS 组件实现的控制系统被压缩在一个 ROS2 节点中，没有将 OROCOS 组件的接口暴露，ROS2 只是将一些 OROCOS 端口映射到 ROS2 主题上。OROCOS RTT 端口与 ROS2 消息定义达成一致，即可实现数据通信。

目前已有一个开源的 OROCOS RTT/ROS2 集成包（orocos/rtt_ros2_integration），下载地址可扫描左侧二维码获取，其包含用来构建 OROCOS 与 ROS2 消息系统 ROS2 参数服务器通信的库、插件、组件等，其中重要的包及其具体功能如下。

下载地址

- rtt_ros2：用于引入插件、包装脚本和 launch 文件，从而使得可以通过 ROS2 使用 OROCOS，它包含了用于构建和运行 OROCOS 组件的工具，这些组件将 OROCOS 集成到 ROS2 体系结构。
- rtt_ros2_idl：根据用 ROS2 接口定义语言（IDL）指定的消息和服务定义生成 RTT 类型工具包。
- rtt_ros2_interfaces：为给定的 ROS2 接口软件包生成类型工具包和 OROCOS 插件的便利宏，利用上述所有软件包。
- rtt_ros2_node：在 OROCOS 程序中实例化一个 ROS2 节点的插件。
- rtt_ros2_params：用于同步 ROS2 参数服务器和 OROCOS 组件属性的插件，提供了 ROS2 参数接口，允许操作 OROCOS 属性，并能从 ROS2 参数加载和存储配置。
- rtt_ros2_services：提供调用 OROCOS 操作的 ROS2 服务，或将 OROCOS 操作调用者连接到其他节点提供的 ROS 服务。
- rtt_ros2_topics：将 OROCOS 端口连接到 ROS2 主题，实现实时安全的进程间通信。

7.2 遗产代码的 ROS2 集成

在各类智能机器人开发中，开放的 ROS2 确实具有不少优势，但需要解决 ROS2 如何有效集成特定机器人已有代码的问题，遗产代码已经过了应用验证，专用特性可保障其运行的高效性，如果能够有效地将现有机器人系统的遗产代码与 ROS2 相结合，那么既可以针对特定机器人使用原有系统，又能够有效利用 ROS2 丰富的功能包。将遗产代码与 ROS2 之间实现连接有多种方法。Fabio Dalla Libera 等人开发的 ROS2link 是一个开源项目，用于解决现有系统使用 ROS2 作为接口时产生的冲突问题。ROS2 官网上给出的 ROS2bridge 也可用于实现遗产代码与 ROS2 之间的兼容，为非 ROS2 程序提供了一个 JSON API，用于实现与 ROS2 之间的连接。

7.2.1 ROS2link 简介

ROS2link 是一个实现将遗产代码整合到 ROS2 系统的开源项目，主要用来实现现有软件与 ROS2 之间的交互，并且在实际中不需要在运行遗产代码的机器上安装 ROS2。

ROS2link 允许使用 ROS2 连接不能运行 ROS2 的遗产系统，使用 ROS2link 的遗产系统通过发布/订阅 ROS2 主题、调用/提供服务形式来实现集成。ROS2link 接口与 ROS2cpp 接口完全对应，当使用 ROS2link 时，不需要学习任何新的 API。使用 ROS2link，可以继续使用遗产代码中的数据，如可以发布一个 std: : pair 或一个自定义的类。ROS2link 提供了遗产数据类型和 ROS2 类型（由.msq 和.srv 文件产生）之间的封装函数。

ROS2link 的设计准则规定了一组独有的特征，使得不能安装 ROS2 的系统也可以和 ROS2 互联。首先，ROS2link 要求对遗产代码做非常有限的改变，所以要求工程是独立的，没有依赖关系，这在遗产代码中可能会难以满足。其次，已经在遗产代码中使用的任何数据类型，都可以在主题和服务中使用。ROS2link 允许在运行时对遗产代码和 ROS2 之间的拓扑进行变更，允许遗产代码使用 ROS2 的名字映射系统，并且对遗产代码命令行参数无任何强制约束。最后，通过简化使用一系列接近 ROS2 编程接口的 API，ROS2link 简化了连续移植代码到 ROS2 系统的过程。

7.2.2 ROS2link 实现概述

ROS2link 主要用来实现现有软件与 ROS2 之间的交互，并且在实际中不需要在运行遗产代码的机器上安装 ROS2。在软件开发过程中，我们确立了以下两个核心目标。

（1）最少化用户需要学习的 API。

（2）最小化对现有系统的更改。

为了达到这一目标，ROS2link 采用 C++实现，它为现有系统提供了一组用 C++实现的 API，其本质与 ROS2cpp 相同，这样会使熟悉 ROS2cpp 的用户很容易地学习 ROS2link。为了实现最小化软件安装和代码修改，可将代码实现分解为两个构件，如图 7-6 所示，一个是轻量级独立的 C++库 helium，其供遗产代码使用；另一个构件是用分布式 ROS2 包实现的库 ROS2link，用于实现 ROS2 和遗产代码之间数据的封装传送处理。在目前的实现中，这两个构件之间的通信是通过 TCP/IP 来实现的，以后如果要采用其他的通信方式，如 I2C，则需要对一些类的实现进行相应的更改。

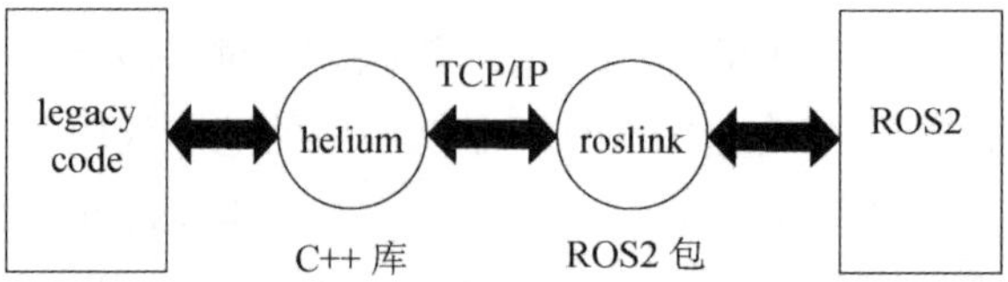

图 7-6　ROS2link 具体实现

这种划分为两个构件的思想与 ROS2bridge 类似。ROS2bridge 建立了一个 TCP/IP 服务器，接收用 JSON 语法格式编写的命令，这些命令会发布/订阅主题、调用 ROS2 服务。因此客户端可以通过 TCP/IP 连接发送 JSON 对象实现与 ROS2 的交互，其中 JSON 对象会包含 ROS2bridqe 协议中指定的域，ROS2link 与 ROS2bridge 设计目标的不同之处体现在以下方面。

（1）ROS2bridge 允许非 ROS2 客户端（如用 JavaScript 编写的网页）去访问已有的 ROS2 代码；而 ROS2link 主要实现在新工程中重新使用遗产代码。

（2）ROS2bridge 不允许客户端提供 ROS2 服务，只能调用 ROS2 已有的服务；而 ROS2link 允许 ROS2 节点调用遗产代码提供的服务。

（3）ROS2bridge 的使用者将其数据类型转换为 JSON 消息；ROS2link 主要给它的使用者提供一些简单的 API，从而加速开发进程。

7.2.3　ROS2link 设计原理

为了快速、便捷地将现有系统集成到 ROS2 中，ROS2link 设置了以下设计准则。

- 最小化 helium 组件的依赖集。
- helium API 和 ROS2cpp API 之间兼容。
- 动态创建 ROS2 发布者、订阅者、服务客户端与服务器的能力。
- 运行时改变网络拓扑结构的健壮性。
- 完全支持 ROS2 名字映射系统。
- ROS2 和遗产代码之间的封装传送处理完全独立于遗产代码。

下面将对这些准则的实现进行简要分析。

（1）依赖性。除了网络和多线程，与遗产代码连接的 helium 库是独立的。编译 helium 库时，在 POSIX 系统上使用 Berkeley sockets 网络实现，在 Windows 系统上使用 Winsock API 网络实现。同样，对于多线程，在 POSIX 系统上使用 Pthreads，在 Windows 系统上使用本地 Windows 线程。对于具有独立代码特性的类，可以在 Pthreads 或 Windows API 中重新实现。尽量不要使用其他会增加代码移植量的库，尤其是 Boost 库，以避免当前 Boost API 与代码中老版本 API 可能存在的不兼容问题。来自 cmake 文件的库，当 cmake 文件无效时，可在 Visual Studio 工程中手动编写，Linux 或 QNX 会为系统提供 Makefiles 文件。用户也可以选择不将这些代码编译成库，而是将 helium 代码与遗产代码一起编译。

（2）API。暴露给遗产系统的 API 与映射的 ROS2cpp API 应尽可能地接近。每个 ROS2 对象，如 ROS2: : NodeHandle 或 ROS2: : Publisher，在 helium 中都会有对应的副本，如 Legacy: : NodeHandle 或 Legacy: : Publisher，成员函数也能与 ROS2 等价映射。此外，helium 还提供了 ROS2 的特性，如在 SubscriberStatusCallback 中会发布一个单独的订阅者。当

ROS2 出现一个异常时，遗产代码同样也会出现一个异常，在 helium 中设置、读取和搜索参数也可采用与 ROS2 同样的方式。这将会带来很大的优势：使遗产系统支持 ROS2，通过本地支持就可以实现用 ROS2 命名空间代替遗产系统命名空间。

为了实现与 ROS2link 通信，helium API 引入了一个新对象 Legacy: : Link。Legacy: : Link 对象通过构造器会指定一个唯一的名字，当 ROS2 节点实例化一个 ROS2: :Link 对象（由 ROS2link 包提供）时，它们之间就会自动建立通信。从概念上讲，在遗产代码中构建 Legacy: : NodeHandle 的操作和在声明 ROS2: : Link 对象节点中构建 ROS2: :NodeHandle 的操作是一样的。遗产代码使用 Legacy: : NodeHandle 的成员 advertiseService 提供的服务被视为 ROS2: : Link 对象所在 ROS2 节点提供的服务。同时，一个遗产程序可声明多个 Legacy: : Link 对象。因此，每个 Legacy: : NodeHandle 使用的 link 都可以通过传递一个 Legacy: : Link 对象引用给 Legacy: : NodeHandle 构造器来指定。

（3）动态创建和销毁。在 ROS2 中，当一个 ROS2: : Service 对象被初始化时，系统就会广播该服务，当最后一个 ROS2: : Service 副本被销毁时，将自动不再广播该服务。同理，对于 helium 维护的发布者、订阅者、客户端，其创建和销毁也均有效。即使 ROS2 节点包含提供遗产服务的 ROS2: : Link，且节点是运行的，也只有对应的 Legacy: : Service 被注册时，对应的 ROS2 服务才会有效。同样，当 Legacy: :Service 的最后一个副本被销毁时，或者 Legacy: : Link 和 ROS2: : Link 之间的连接断开时，服务将不会再被广播。

（4）网络拓扑连接。遗产系统和 ROS2 之间的数据交换是通过 helium 库和 ROS2 节点之间的通信来实现的。具体的通信过程可通过遗产代码声明的 Legacy: : Link 对象和 ROS2 对象创建的同名 os: : Link 对象来实现。ROS2link 没有实例化顺序，所以 ROS2 节点和遗产代码运行的先后顺序不确定，并且两个构件并不需要知道一对实体的位置（主机和 TCP 端口），事实上，helium 提供了 Imaster 程序，其扮演了一个 DNS 服务器的角色，与 ROS2core 的工作方式相同，允许节点之间通信，并且不需要预先知道其他的主机名和端口。具体而言，当一个 Legacy: : Link 或 ROS2: : Link 对象被创建时，它会自动地在 lmaster 服务器上注册，并且当成对的实体有效时，对象会被通知需要连接的主机名和端口号，从而两个对象之间会建立直接连接。该方法具有灵活地动态重配置网络拓扑的优点。图 7-7 提供了以下 4 种可能的场景示例。

如图 7-7（a）所示，每个遗产程序使用 Legacy: : Link 连接对应 ROS2 节点声明的 ROS2: : Link（一对一）。

如图 7-7（b）所示，所有遗产程序使用一个 ROS2 节点提供的同一个 ROS2link（多对一）。

如图 7-7（c）所示，一个遗产程序通过多个 Legacy: : Link 使用多个 ROS2 节点的 ROS2: : Link，提供概念上的不同服务（一对多）。

图 7-7（d）所示为一种混合方法，多个单一遗产服务映射到相同的 ROS2 节点，同时对于一个高带宽数据流的遗产程序，可连接到运行在不同机器的 ROS2 节点上（b、c 的组合）。

由于 Imaster 提供了上述动态绑定方法，可在运行时更改配置，如在多个机器之间平衡负载，或者弥补一个机器的暂时性失效。

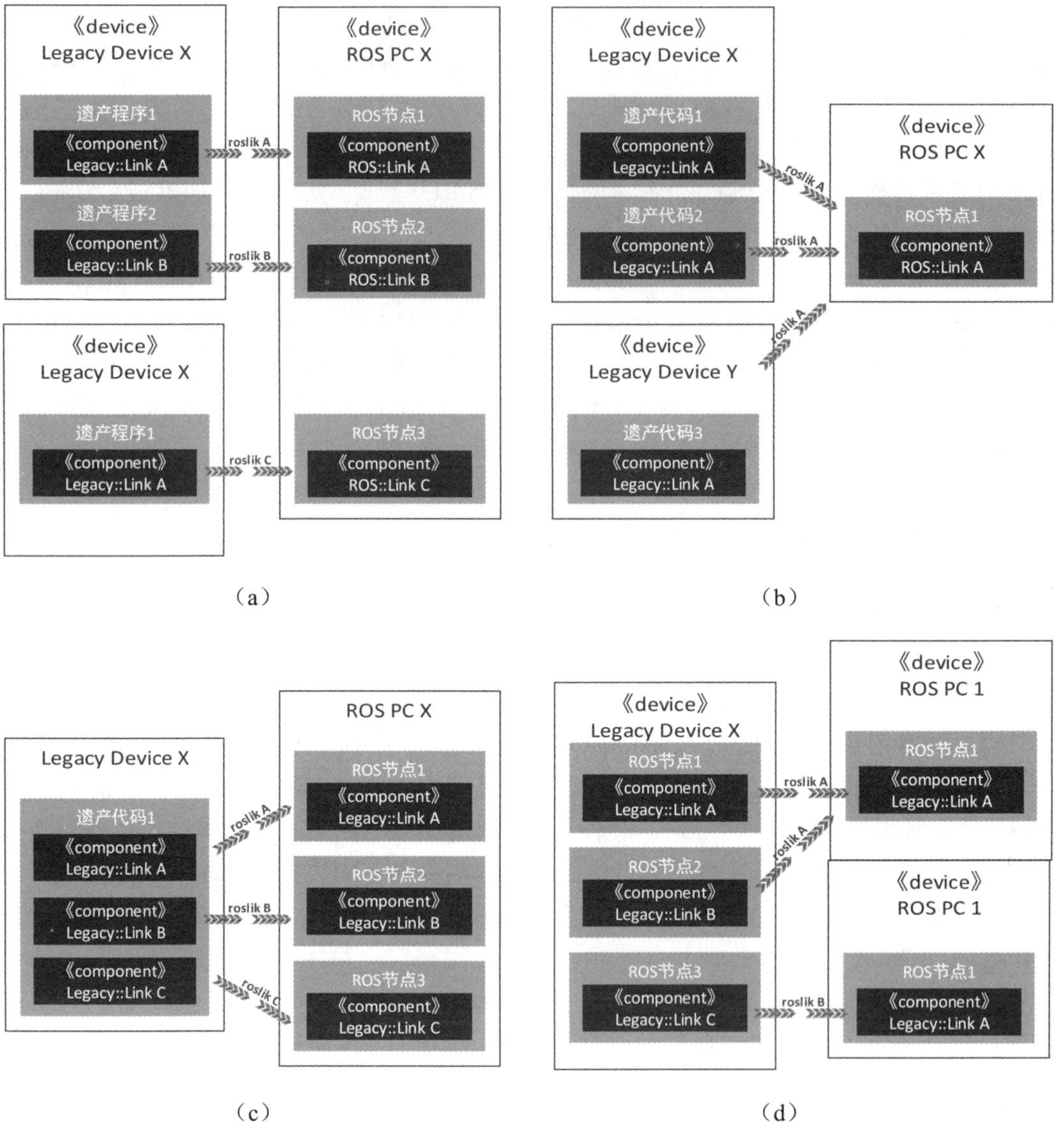

图 7-7　4 个拓扑实例的 UML 调度图解

（5）名字映射。ROS2 为主题和服务提供了一个名字映射机制，其允许叠加一个完整的命名空间，因此可用于整合多个异构系统且不会出现命名冲突。此外，节点、主题、参数的名字可以通过命令行或 launch 文件重映射，从而可以在不同的配置下执行相同的代码。在创建 NodeHandle 时可以指定在特定 NodeHandle 子树下声明额外的名字映射，其还可为每个节点创建一个特别的私有命名空间，ROS2 可通过命令行为命名空间中的参数赋值，ROS2link 保持了该特性，在创建 Legacy: : NodeHandle 对象时，也可以指定重映射。在 ROS2link 模型中，遗产代码中创建的节点在概念上依赖包含对应 ROS2: : Link 的 ROS2 节点，因此，当一个包含 ROS2: : Link 的节点使用重映射的参数运行时，该参数也会通过对应的 Legacy: : Link 在该遗产代码中使用。这就允许 ROS2link 用户可以很容易地根据 ROS2 实现遗产系统的重映射，而不需要重新运行遗产代码。此外，它使得映射操作无须给遗产代码传递命令行参数，因为它可能采用与 ROS2 重映射和参数赋值不兼容的方式解析命令行参数。

（6）封装与传送处理。在 ROS2 中，主题和服务消息类型通常采用一种直观的定义语言。脚本可用来为每个特定的编程语言产生消息文件，其在 C++中是头文件形式。生成的代码可通过提供序列和逆序列方法，实现网络中消息数据的传输。当连接遗产代码和 ROS2 时，可以在装有 ROS2 的系统上产生头文件，然后将它们包含到遗产代码中，使用 ROS2 产生的数据类型代替原始的数据类型，或者当使用 ROS2 方法时插入原始遗产数据类型和 ROS2 数据类型之间的映射函数。还可以手动配置 ROS2 需要的遗产数据类型的序列和逆序列方法。

实现准则之一是尽可能保证遗产代码不被改变，ROS2link 为此提供了一种支持方法。helium 对象使用的主题和服务消息可使用任何数据类型，因此可以直接使用遗产数据类型。helium: : Link 和对应的 ROS2: : Link 之间所有数据的序列和逆序列化均默认采用数据类型的“<<”和“>>”操作，需要其他序列化时，可采用特定数据类型的 helium: : write 和 helium: : read 函数实现。另外，遗产数据类型和 ROS2 类型之间的转换可在 ROS2 节点定义 ROS2: : Link 时执行。

7.3 ROS2-Industrial 系统

7.3.1 ROS2-Industrial 系统简介

硬件通用化、软件平台化及应用个性化是当前智能手机的主流趋势。机器人领域也有人在进行类似的努力：是否有可能让机器人像智能手机一样，采用通用的硬件架构和统一的软件平台，实现不同厂商系统间的完全兼容性呢？为此机器人操作系统 ROS2 应运而生，意在将机器人变成下一个类似智能手机的行业，在机器人身上实现苹果、安卓曾经的平台梦。ROS2 针对工业机器人领域的发展，特别推出了 ROS2-Industrial 系统。为了推动其在全球的应用和普及，14 家公司联合成立了 ROS2-Industrial 联盟（RIC）。这个联盟致力于促进 ROS2 在工业自动化和机器人技术中的应用。随着时间的推移，ROS2-Industrial 联盟已经发展壮大，包括美洲和欧洲两大区域性组织，并且吸引了众多企业的参与和支持，如图 7-8 所示。这一联盟的成立和扩张，不仅加强了 ROS2 在工业领域的应用基础，也为工业机器人技术的开源发展和国际合作提供了平台。

7.3.2 ROS2-Industrial 项目

ROS2-Industrial（ROS2-I）开源项目由安川 Motoman 机器人、美国西南研究所和 Willow Garage 公司联合发起，意在实现工业自动化的 ROS2 应用。ROS2-Industrial 拥有 BSD/Apache 2.0 证书，项目包括面向工业硬件的库、工具和驱动接口。

图 7-8　ROS2-Industrial 联盟

ROS2-Industrial 项目的目标具体如下。

（1）将 ROS2 的优势和现有工业技术相结合，提供工业相关的 ROS2 应用。

（2）开发满足工业应用要求的健壮的、可信的工业软件。

（3）采用标准化 ROS2 消息创建标准接口，激励硬件不可知的软件开发。

（4）通用 ROS2 体系结构使前沿研究成果在工业应用上简单化。

ROS2-Industrial 通过开源设计思想，致力于工业应用，是 ROS2 功能的拓展和延伸，其优势在于以下 4 个方面。

（1）充分发挥 ROS2 的功能性，包括面向控制器的逆运动学解算、强大的 2D 图像和 3D 点云感知，以及丰富的开发、仿真和可视化工具集。

（2）催生新的应用，例如机器人工作单元中的识别和感知等非结构化环境的应用。这些应用包括基于感知数据进行即时规划的 Scan-N-Plan 算法，以及依托模型的自动化编程方法。这些创新不仅提高了机器人的智能化水平，也为机器人技术的应用开辟了新的可能性。

（3）简化任务级的机器人编程，涵盖了自动化路径估算、冲突检测、最优路径计算以及同类任务的抽象化编程。

（4）节约成本，开源软件平台使得商业应用自由化，通过标准化机器人和传感器接口减少开发的壁垒。

截至目前，ROS2-Industrial 项目仍在研发中，大多数代码仍处于测试阶段，图 7-9 给出了 ROS2-Industrial 软件框架的具体内容，各层次功能描述如表 7-1 所示。

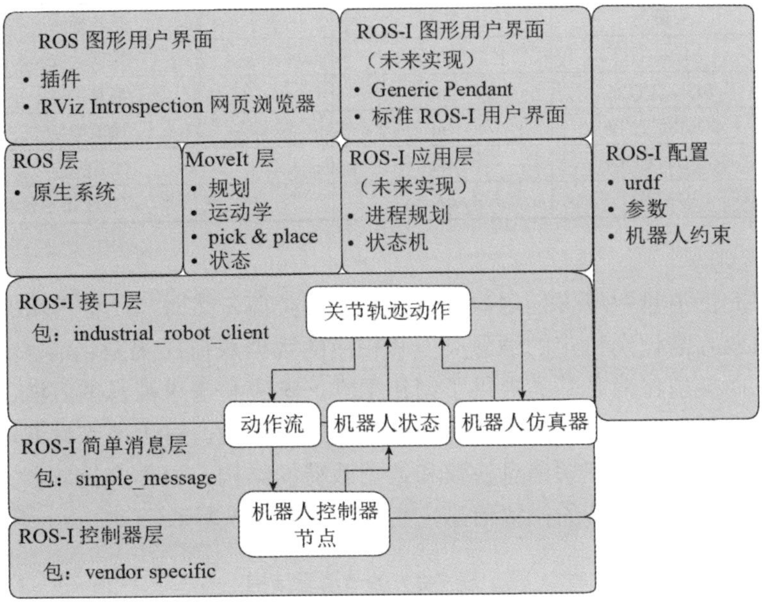

图 7-9　ROS2-Industrial 体系结构图

表 7-1　ROS2-Industrial 各层次功能描述

层次	基本描述
ROS 图形用户界面	上层 UI 分为两部分：一部分是 ROS2 中已有的 UI 工具，另一部分是专门针对工业机器人的通用 UI 工具
ROS 层	ROS2 基础框架，提供核心通信机制
MoveIt 层	为工业机器人提供规划、运动学等核心功能的解决方案
ROS-I 应用层	处理工业生产的具体应用
ROS-I 接口层	工业机器人的客户端，可以通过 simple message 协议与机器人控制器通信
ROS-I 简单消息层	ROS2 客户端与工业机器人之间的通信协议，负责打包和解析通信数据
ROS-I 控制器层	机器人厂商开发的工业机器人控制器

ROS2-I 在复用已有 ROS2 框架、功能的基础上，对工业领域进行了针对性的拓展，而且可以通用于不同厂家的机器人控制器。ROS2-I 项目目前主要包含以下内容。

1. 简单消息机制（Simple Message）

简单消息机制定义了 ROS2 驱动层和机器人控制器本身通信的消息结构，协议遵循以下原则：格式简单，使得代码能够在 ROS2 和机器人控制器（支持 C/C++）之间共享。对于那些不支持 C/C++的控制器，它们可以使用功能有限的标准机器人编程语言来解析消息内容。格式支持流数据模式和数据反馈。为避免不同通信平台之间存在版本冲突的问题，协议不包含版本信息。

1）消息结构

消息结构如表 7-2 所示。

表 7-2　消息结构

成员	变量名	类型	基本描述
PREFIX	LENGTH	Int	数据长度
HEADER	MSG_TYPE	Int	消息类型
	COMM_TYPE	Int	通信类型
	REPLY_CODE	Int	应答编码
BODY	DATA	ByteArray	可变长度，取决于消息和通信类型

2）类型化消息

消息协议支持消息中包含任意数据载荷和通信类型。然而，在客户端/服务器（C/S）架构中，通信双方需识别特定的消息类型和相应的数据载荷。类型化消息类定义了数据载荷的结构，而类型化消息基类提供了创建主题、响应和请求消息的方法。在 C/S 模式下，开发人员通常不需要了解数据载荷的具体格式。但是，对于不支持 C++类的一些机器人控制器，开发者必须理解消息协议和数据载荷的结构，以便在控制器上正确解析消息。关节消息用于表示关节的位置信息，其结构如表 7-3 所示。

表 7-3　关节消息结构

成员		类型	值	大小/字节
消息类型		JOINT_TRAJ_PT	10	4
通信类型		CommType	任意	4
应答类型		ReplyType	任意	4
数据	主题/请求/应答			
	队列	Shared_int	任意	4
	关节	Shared_real[10]	任意	4

关节轨迹点消息用于描述关节运动轨迹，其结构如表 7-4 所示。

表 7-4　关节轨迹点消息结构

成员		类型	值	大小/字节
消息类型		JOINT_POSITION	11	4
通信类型		CommType	任意	4
应答类型		ReplyType	任意	4
数据	主题/请求/应答			
	队列	Share_int	任意	4
	关节	Share_real[10]	任意	4
	速度	Share_real	任意	4
	持续时间	Share_real	任意	4

JointTrajectoryPoint 消息用点数据表示轨迹，这些点不同于 ROS2 中的轨迹点，不同之处体现在：关节的速度采用工业机器人标准；持续时间也不同于 ROS2 中时间戳的概念。时间戳表示运动开始的时间，而持续时间表示的是动作将要执行的时间长度。此外，还有一个重要的前提是队列中的点是连续被执行的，这一点比较符合 ROS2 的轨迹特点，但并不是必需的。

3）通用连接

简单消息通过抽象连接接口向工业机器人控制器发送信息。该接口建立在两个前提假设之上：首先连接支持发送原始的字节数据，同时数据连接包含建立连接和删除连接的方法。

4）消息管理器和消息处理器

消息管理器和消息处理器能够应对多种消息类型的连接处理。消息管理器维护一个消息处理器的列表，当接收到消息时，它能够调用相应的处理器来执行具体的处理任务。在机器人控制器仅支持有限数量的连接的情况下，这些类的作用尤为关键，它们确保了消息的有效管理和处理，提高了系统的通信效率和响应能力。

2. 工业机器人客户端（Industry Robot Client）

1）简介

工业机器人的客户端旨在为工业机器人提供标准的控制接口，这些控制接口遵循 ROS2-I 的设计规范，通过使用 simple message 协议，能够与运行在工业机器人控制器上的服务器建立通信。这种协议简化了与工业机器人控制器的数据交换过程，使得信息传输变得更加高效和直接。

至关重要的是，industrial_robot_client 库利用 C++的派生类机制，使得针对特定机器人的代码能够重用库中的通用代码，提高了代码的复用性和开发效率，从而避免了工业机器人驱动产生过多的重复设计。

同时，客户端还提供了通用节点，用以实现基本的工业机器人客户端功能，进一步简化了与工业机器人的交互过程。当工业机器人不需要客户端提供额外的功能时，这些标准节点就能够满足客户端设计的需要。

2）面向具体机器人的改进

通常，由于制造商接口与机器人设计之间的差异，需要对 industrial_robot_client 的基本实现进行一些调整以适应特定的应用场景。关节连接、速度缩放及通信协议等的差异都是影响具体机器人控制程序设计的因素。

与其对整个 ROS2 客户端做一个新备份来实现机器人客户端，不如采用更好的方法：使用 C++派生类机制，用最小化修改来实现面向特定机器人的机器人客户端。但是无论以什么样的方式实现，控制程序都应该调用基类实现的功能以避免代码的冗余，并维护操作的一致性。同时，设计人员需要非常了解 ROS2 客户端库的设计思想，以便能够合理地选择和替换某些功能。

3. 工业标定（Industrial Calibration）

机器人标定是实现离线编程技术应用的关键环节之一。标定过程涉及使用高精度的测量工具或几何约束，通过模型参数识别方法来确定精确的机器人模型参数，进而提升机器人的绝对精度。在这个过程中，测量工具的选择和使用是至关重要的一环。目前，主要方法有两类：一是采用高精度测量系统进行测量，然后采用数学方法进行核正；二是机器人自校正方法，具体方法是在末端加一个冗余传感器收集数据，或者在末端加一些运动约束，使机器人到达特定位置。

ROS2 的工业标定工具箱用于对传感器、传感器阵列和机器人的标定。目前正处于开发阶段的工具是 industrial_extrinsic_cal，它提供了一个通用的工具集，用于对已知参考框架的传感器进行标定，通过自动运动、数据采集和程序解算实现统一框架下精度可见的各种标定任务。如图 7-10 所示，利用目标、相机及场景的具体参数信息，通过代价函数计算，生成校准参数。

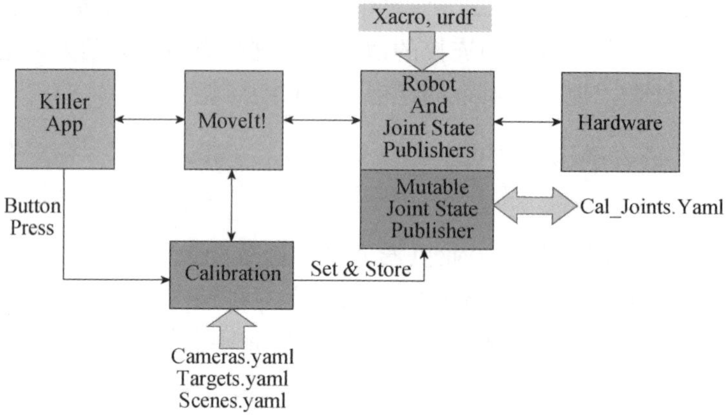

图 7-10　ROS2 industrial_extrinsic_cal 体系架构

4. 具体机器人的适配包集（Vendor Specific Stacks）

ROS2-Industrial 确实包含了针对多种工业机器人的适配元包（meta-packages），其中也涵盖了 ABB 机器人、Adept、Comau、Fanuc、Kuka、Motoman、Robotig 及 Universal Robots 等多种工业机器人。但是大多数的适配包目前仅适用于实验研发，具体的工业应用仍需检验其代码的可靠性。

以 Motoman（见图 7-11）为例，作为最早参与 ROS2-Industrial 项目的工业机器人，目前其适配包仍处于测试阶段。Motoman 驱动包含与 Motoman 工业机器人控制器通信交互的节点，旨在提供高性能接口控制 Motoman 机器人，该接口在以下方面均做了改进。

（1）DX100、DX200 和 FS100 控制器的机器人提速一倍。

（2）增加底层位置、速度和路径时序控制。

（3）提高错误监测和恢复性能。

（4）提高运动和控制器状态反馈性能。

如图 7-11 所示，Motoman 驱动通过简单的消息机制与 ROS2 通信，同时也包含特定的 Motoman 消息。上层应用规划的轨迹以主题的形式发送给控制器节点，其主要是 ROS2 的 JointTrajectoryPoint 数据，包括关节位置、速度、加速度和路径时序。控制器节点将缓存这些数据并进行处理，在合适的时机向 MotoROS2 控制器发送控制命令。

Motoman 驱动接口为 Motoman 机器人提供了一个高性能的运动控制接口。其发送数据点频率超过 50Hz，同时支持机器人的状态反馈。即使使用稠密的轨迹点，也能够生成全速的机器人运动。这样的性能甚至已经超过了 Motoman 原生的运动控制机制。

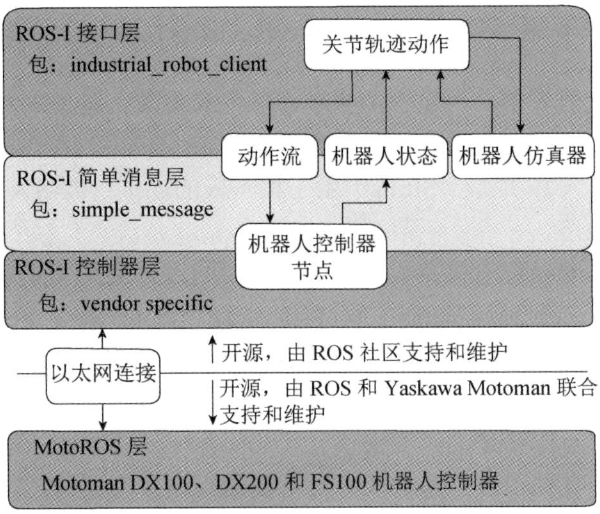

图 7-11　Motoman stack 体系结构

7.3.3　ROS2-Industrial 驱动设计规范

工业机器人客户端实现了与支持以太网套接字的工业机器人控制器的通信，客户端节点实际上是作为遵循简单消息协议机器人的驱动程序。ROS2-Industrial 驱动设计规范明确了 ROS2 节点的功能性设计要求，以此来提高跨平台的兼容性，所有面向工业机器人控制器的接口都应当遵循该规范。

1. 设计初衷

ROS2-I 利用统一的 ROS2 框架集成了不同的机器人控制，以此来实现不同供应商机器人之间的互操作。不同的 ROS2 节点遵循共同的控制和反馈接口来实现更好的兼容性。该规范仅仅是提供设计参考，指明一般工业机器人应提供怎样的接口才能实现最大化的兼容性，但在实际应用中，具体的机器人可能会根据其特殊需要在某些方面做适度修改。

2. 操作定义

初始化：ROS2 节点会自动完成对机器人控制器连接的初始化（不需要手动的操作），同时机器人控制器启动时，机器人端应自动执行相应的控制程序。

通信：第一，无论是 ROS2 端的节点还是机器人端的节点，双方都能够处理通信中断的情况。ROS2 端的节点在出现通信中断的情况下，应能自动地尝试重新连接机器人，停止发布大部分消息，同时发布诸如 connect-false 的状态消息。而机器人端的节点应该能够停止运动，关闭驱动程序，重新初始化所有的通信连接，等待建立新连接。如果接口不能直接检测通信中断，那么应在 ROS2/robot 之间应用心跳机制，以此来判断双方通信是否中断。第二，无须任何机制来确保异常事件的出现，这就要求任何节点都不能订阅和发布不支持的主题，同时节点提供的服务一旦被广播就认为是有效的，一旦节点调用未实现的服务，标准的 ROS2 机制就应该给出错误的提示。

3. ROS2 API

主要描述具体机器人接口所包含的主题、服务和参数。这些功能可能由单个或多个节点参与，具体还需要根据机器人的通信架构来确定。

- 参数：机器人 IP 地址（String）用于机器人的连接；机器人描述（URDF）用于机器人的描述。
- 状态反馈：若要查看机器人的状态，需要通过订阅相关主题，其中涉及的相关主题主要有 Feedback states、Joint states 和 Robot status。Feedback states 提供了机器人关节当前的状态反馈，一般由 ROS2-I 关节轨迹动作节点来监视正在执行动作的执行状况。Joint states 提供了机器人关节当前的位置反馈，由机器人状态发布节点广播运动学变换信息。Robot status 提供了机器人当前状态的关键参数，用于其他节点的监控及触发不同的错误执行条件。
- 运动控制：主要实现对机器人的运动控制，但应用不同的控制类型可能会导致彼此间的不兼容。机器人通过单一的 master motion node 或功能单一的节点提供相应的控制方法。来自不同运动控制器的冲突输入能否被妥善处理需要依赖于其实现机制。一般而言，在同一时刻只有一个控制器能够控制机器人。对于一个复杂的系统，可以通过一个动作管理节点实现不同动作控制器的竞争命令聚合和优先级调度。
- 运动学解算：为实现实时的任务规划和避免冲突，节点应该提供具体机器人的逆运动学解算。ROS2 虽提供了通用的解决方案，但其实现方式对冲突检测和路径规划响应较慢。lkfast 工具可以用来生成任意的六自由度操控器所需的运动学文件。为了避免过多的通信开销，该文件将作为插件集成到 ROS2，而不是作为一种服务，这就需要创建一个 launch 文件，其通过 ROS2 中的 arm kinematics constraint aware 与插件建立连接。
- 轨迹精度：以上所述的运动控制接口并没有指明具体轨迹的精度要求。实现轨迹精度取决于多方面的限制，包括具体的机器人、控制器及 ROS2 接口驱动等。ROS2 轨迹规划器和碰撞检测器在轨迹和路径点之间采用高阶平滑的方法。作为机器人执行的最终轨迹，应该是近似光滑的轨迹，但和理想轨迹并不完全一致。所以 ROS2 轨迹规划器在机器人模型中需要增加一定数量的插补点来弥补规划路径和实际路径间的差异。增加插补会减少碰撞的概率，这样就能在很大程度上保证无碰撞的运动。路径规划器和机器人控制器之间的差异越小，路径执行错误和冲突插补的需要也就越小。但该层面的集成已经超越了当前 ROS2-Industrial 工作预期的范围，同时也需要基于具体的机器人解决方案。